PS+ZBrush：
动画形象数字雕刻创作精解

◎ 郑琳 著

清华大学出版社

北京

内 容 简 介

　　动画角色形象的诞生,需要的不仅是技术手段,更是创意能力、设计能力和造型能力的综合体现。本书展示了一个三维动画角色形象从无到有的创作过程。书中不仅详细论述了软件之间的分工合作,也探讨了创作思路。全书具有很强的实用性,系统讲解了 Maya、Photoshop、ZBrush 之间的配合及使用技巧,并且对角色设计、模型制作、贴图绘制、材质处理、后期渲染等方面进行了全面讲解。相信读者通过对本书的学习,可以在短期内掌握完整的设计思路,并对整个制作流程了然于胸。

　　本书适合动画专业院校师生作为教材,同时也可以作为动画设计、游戏设计人员的学习参考书。

图书在版编目(CIP)数据

PS+ZBrush:动画形象数字雕刻创作精解/郑琳著. —北京:清华大学出版社,2017(2025.1 重印)
ISBN 978-7-302-47147-9

Ⅰ. ①P… Ⅱ. ①郑… Ⅲ. ①三维动画软件 Ⅳ. ①TP391.414

中国版本图书馆 CIP 数据核字(2017)第 116879 号

责任编辑:王剑乔
封面设计:刘　键
责任校对:赵琳爽
责任印制:刘海龙

出版发行:清华大学出版社
　　　网　　　址:https://www.tup.com.cn,https://www.wqxuetang.com
　　　地　　　址:北京清华大学学研大厦 A 座　　　　　　邮　编:100084
　　　社　总　机:010-83470000　　　　　　　　　　　　邮　购:010-62786544
　　　投稿与读者服务:010-62776969,c-service@tup.tsinghua.edu.cn
　　　质量反馈:010-62772015,zhiliang@tup.tsinghua.edu.cn
印　装　者:三河市龙大印装有限公司
经　　销:全国新华书店
开　　本:185mm×260mm　　　　印　张:14.25　　　　字　数:340 千字
版　　次:2017 年 6 月第 1 版　　　　　　　　　　印　次:2025 年 1 月第 11 次印刷
定　　价:68.00 元

产品编号:066604-02

前　言

　　本书从 2015 年上半年开始筹备,由最初策划到最终完稿,前后经历了近两年时间。其实,我很早就想写一本介绍三维角色制作流程的书。因为种种原因一直没能动笔,最大的顾虑是市面上的软件书籍已经太多。毕竟像 Maya 这样的元老级三维软件已经诞生近 20 年,每年都有很多相关书籍出版。已经进入 4R7 时代的 ZBrush 也早就全面涉足影视、游戏、动画等 CG 领域,不能称其为新兴软件了。至于 Photoshop 简直可以用妇孺皆知来形容。

　　作为一名教育工作者,我会关注每次软件升级的动向,也会浏览新出版的书籍。不过总感觉真正适合教学的书籍并不多。市面上大部分的书籍对软件的功能介绍非常详细,但多年的教学经验告诉我们,一个作品的诞生是多种能力综合运用的产物。从学生日常提出的问题可以发现,学生真正欠缺是完整的设计思路和纵观整个制作流程的能力。

　　经过深思熟虑,我决定动手写一本适合动画专业教学的书籍。本书不求面面俱到,书中只有一个实例,而且只对实用工具和常用工具进行讲解。但它却包含从开始构思,到前期设计,再到中期制作,最后到后期整合的全部内容。它展现的不仅是完整的制作流程,而且是一个完整的思考过程。书中的关键操作均有视频,可扫描相应位置的二维码直接观看;素材可扫描二维码直接下载。

　　由于水平有限,而且本书是我写的第一本教程类的书籍,肯定会有一些不太成熟地方。但在整个写作过程中,我的初衷没有改变,就是希望读者能够在本书中学到一些思考的方法,一些有用或实用的制作方法,再结合自身的艺术修养,最终制作出自己满意的作品。

　　软件可以短期学会,造型能力和创意能力却需要常年的积累。有句话说得很好:不忘初心,方得始终。让我们在 CG 的道路上共同努力。最后,再次感谢您能关注本书!

作　者

2017 年 3 月

目　　录

第 1 章 概 述

1.1 数字雕刻的优势与前景

数字雕刻是指借助计算机与数位板，通过软件模拟传统雕刻、绘画的手法进行三维模型制作的方法。现今市面上最具代表性的数字雕刻软件是美国Pixologic公司开发的ZBrush，如图1-1所示。

图　1-1

它的诞生带来了一场三维造型的革命，它将二维与三维艺术完美地结合在一起，让原本极为耗费时间和精力的模型制作环节变得高效且有乐趣。与传统三维造型软件相比，ZBrush的操作过程交互性更好，方法也更加多元化。它的出现让传统艺术家更加容易进入三维领域。除了使用体验上的革新，ZBrush独特的算法使它在相同的硬件条件下可以更加轻松地处理面数巨大的三维场景，更容易创作出细节丰富的高精度模型作品。再配合法线贴图等技术手段，可以轻松用低精度的模型展现出更丰富的细节，提升画面的观赏性。目前，ZBrush已经被广泛应用于电影、广告和"次时代"游戏的制作中。

数字雕刻软件的前景非常广阔，作为三维专业的学生应当对其有所了解，将数字雕刻技术引入三维作品创作中会提升作品整体质量与观赏性，用有限的硬件条件制作出更加精良的艺术作品是大家都希望见到的事情。

1.2 学习开始前的必要准备

俗话说："工欲善其事，必先利其器。"开始本书的学习前，先做好充分的准备工作，有些工具必不可少。

首先，需要一台性能良好的计算机，所有的制作过程都要通过它完成。它要装有ZBrush、Maya、Photoshop等必备工具以完成整个制作流程，如图1-2所示。

图 1-2

如果这台计算机有一个强大的 CPU、独立显卡和 8GB 以上的内存那就更完美了。随着后面的学习你会发现，大容量的内存会让 ZBrush 在计算庞大面数的模型时跑得更快。此外，还需要准备一块顺手的数位板或者数位屏，从草图设计、数字雕刻再到贴图绘制，它将伴随整个工作流程。现在的压感技术非常成熟，不论是大名鼎鼎的 Wacom 还是众多国产品牌都有不少优秀的产品可供选择，如图 1-3 所示。

图 1-3

建议：

选择数位板时并非尺寸越大越好，大尺寸的数位板不仅价格高昂，绘画时的用笔幅度也会相应加大。比如，S 号数位板活动手腕就能绘制的线条，换成 L 号时就需要挥舞手臂才能完成，无形中增加了绘画者的负担，同时也降低了效率。购买数位板之前最好能找不同型号试用一下，适合自己的才是最好的。

1.3 数字雕刻的流程

如今完成一件作品需要多款软件共同配合。因为每一款软件都有自己的优点，同时也有不擅长的部分，所以软件的选择及其相互配合非常重要。现在市面上数字雕刻流程有很多种，主要原因是 ZBrush 让很多环节变成了非线性的，它们不再遵循统一的工作顺序。比如，你可以先制作低模再逐步细分、雕刻成高模；也可以先从高模开始雕刻，最后才拓扑出低模。这些流程都是正确的，所以只能对雕刻流程进行大致的概括，如图 1-4 所示。

从课堂教学的情况看，学生在做作品时都会遇到这样一个问题：前期设计工作也做了，但随着制作的深入和自身水平的提升，会不断发现前期设计和制作中的不足。这时会有很多人提出想对作品进行修正甚至是重做。对这种心态，我想说的是，追求完美的精神是值得肯定的，只有不断发现不足才能持续进步。如果仅仅是小幅度的修正是可以的，但如果是"伤筋动骨"地调整，最好还是留到下一个练习中来完善。在学习的阶段，制作水平和作品风格没有成型是不可避免的，来回返工会降低学习的效率、消磨学习激情。

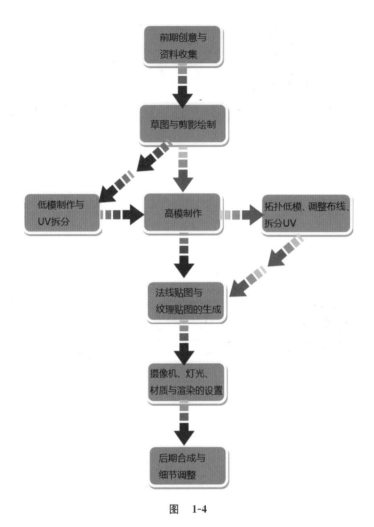

图　1-4

踏踏实实地完成一个接一个的作品反而是学习软件最快的方法，现阶段的作品中也许会有设计或技术上的瑕疵，也许有很多想法没表现出来，这都没有关系，可以将这些遗憾留到下一个作品来完善。随着作品的积累可以更加直观地看到自身的成长。

第 2 章　怪兽的诞生

2.1 前期准备的重要性

前期设计必不可少，在还没有考虑清楚的情况下就开始一个工程项目是非常危险的举动。这种行为很可能会在后期带来大量的修改任务。所以资料的收集和草图的绘制就显得尤为重要，这些工作看似繁复，其实充分的前期准备会为后面的工作节省大量时间。前期设计也是一个能够提升信息量、丰富创意的重要环节，大部分有价值的创意都在这个阶段完成。

2.2 让幻想变得真实可信

首先，你要知道你想要制作什么。可能在最初只有一个制作方向，一个非常抽象的轮廓。怎么让这个轮廓形象具化，并让人信服是接下来要进行的工作。

以本书的例子来说，我在读《西游记》时发现书中有一个场景是孙悟空偷骑牛魔王的"避水金睛兽"。"避水金睛兽"究竟是一种什么样的野兽谁也没有见过，只能通过书本上的文字得到一个初步印象。这是一种体态貌似麒麟，同时具有狮头、虎爪、鹿角、牛尾的神话中的动物。这些表述让我感觉非常有兴趣，它体现了古代中国人丰富的想象力，我想试着将这些描述文字转化成实体。

这些形象的表述给人非常好的提示，那就是幻想是离不开生活的。如何能让人接受从未见过的事物？如何能让创作出来的怪兽令人信服？上面的文字表述已经给出答案：在创作中加入人们熟悉的元素就能让人感觉真实可信。只要罗列出狮头、虎爪、牛尾这些词语，人们的脑海中就会迅速生成一个怪兽的形象，并且没有任何违和感。所以对于其他的幻想生物的创作也可以借用这个方法。

接下来要根据这些文字表述搜集资料。我们所处的是一个信息高度发达的社会，资料的搜集工作变得异常便捷，需要做的只不过是连接网络、动动鼠标。通过 Google、百度等专业搜索网站，将得到的文字信息具象化，然后将其归纳整理以备后用，如图 2-1 所示。

2.3 整合素材、制作剪影与参考图

像前面说过的，如果想让设计令人感觉真实可信，就要让人从它身上看到熟悉的元素。作为创作目标，它必须非常强壮便于骑乘。从文学描述中这种怪兽具有狮头和虎爪，所以它应该具备四足动物的体态。把之前搜集到的资料进行筛选，找到猫科动物骨骼、肌肉的相关

资料。在这些资料的基础上进行重新整合，如图 2-2 所示。

图　2-1

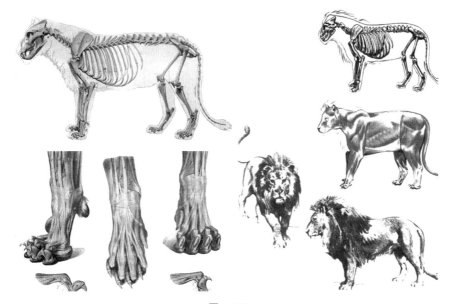

图　2-2

　　在设计头上的兽角时，希望它既有普通鹿角的特征，同时又具有一定的夸张性和装饰性。有了这样的想法在搜集素材时会有意搜索一些别具特色的角类，图 2-3 中展示的是已经灭绝的爱尔兰大角鹿。这种鹿角非常巨大，就像两团火焰或者双手在头顶张开，这正是需要的夸张方向。

　　完成资料搜集后，就要靠创造力整合素材。可以先把想到的灵感用草图的形式快速绘制出来。这个阶段推荐使用 Photoshop 与数位板的组合，Photoshop 强大的图像处理功能可以对画面进行快速调整，而且需要时也能方便地把设计草图导入各个软件作为参考图。

　　在项目制作的过程中会使用多款软件相互配合，记忆每款软件的快捷键是件让人头疼

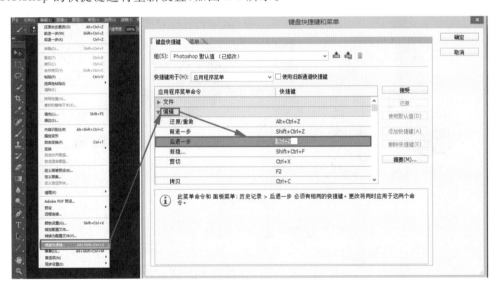

图　2-3

的事,好的习惯是将常用命令的组合键统一起来,这个步骤有助于提高效率。

举个例子,在 Photoshop 中默认的连续后退组合键 Ctrl＋Alt＋Z,可以改为同其他软件相同的组合键 Ctrl＋Z。在"编辑"菜单下找到"键盘快捷键和菜单"命令,它可以对 Phototshop 的快捷键进行重新设置,如图 2-4 所示。

图　2-4

接下来开始绘制剪影,绘制剪影是非常必要的步骤。在设计初期会有太多不确定的想法,很多想法是转瞬即逝的,要捕捉这些想法,效率就显得非常重要。绘制剪影有助于忽略细节,可以把更多注意力放在物体各部位间的比例关系和体态特征等方面。

按 B 键可以切换到 Photoshop 的笔刷工具，打开画笔预设管理器，里面是 Photoshop 自带笔刷的列表。让列表以"描边缩览图"的形式显示出来，这样就能更加直观地看到笔触的形状。这里挑选了压力柔边笔刷，这种笔刷能通过压感笔的压力和用笔速度控制笔触的粗细，同时它的柔边效果可以很好地融合笔触，用它将脑海中浮现出的各种形象快速地涂抹出来，如图 2-5 所示。

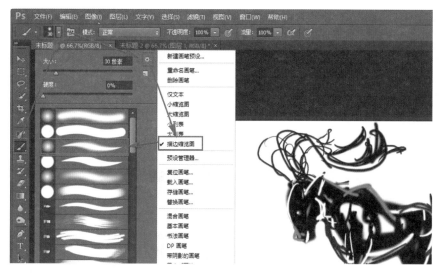

图   2-5

熟练掌握 Photoshop 的"套索"工具可以让这一阶段的设计工作事半功倍，在用"套索"画出选择区域后使用组合键 Ctrl＋任意方向键，可以移动选择的部分。用组合键 Ctrl＋T，对选择的区域进行缩放。调整完成之后使用组合键 Ctrl＋D，取消选区，再用笔刷工具对剪影进行修正就能快速得到不同的剪影形态，如图 2-6 所示。

图   2-6

用"套索"工具配合笔刷可快速生成多个剪影，尽量把所有的想法都表现出来，这样就有了选择的资本，如图 2-7 所示。

建议：

如果使用快捷键后软件没有反应，首先要检查是否开启了中文输入法，然后再查看键盘上的大写锁定是否开启，它们都会让软件的快捷键失效。

从绘制的剪影中挑选一个最满意的轮廓，然后用收集到的资料丰富剪影细节。在这个阶段可以借助传统笔和纸快捷方便地帮助设计和调整细节。对角色造型细节有了完整的概念后再用数位板快速将其大结构关系展现出来，作为三维创作的依据，如图 2-8 所示。

图　2-7

图　2-8

　　从设计稿上能看出怪物的动态基本是猫科动物的特点，但是大臂与大腿则夸张了肌肉数量和体积，体现出了坐骑能负重的特点。同时怪兽拥有夸张的巨大胸肌，整体设计强调了角色的力量感，又保留了猫科动物特有的弹性和灵活性。

第 3 章　初探 ZBrush 及使用 ZSphere（Z 球）制作怪兽身体

从本章开始就进入了三维角色的制作环节。首先需要完成怪兽身体的外形制作，这里有两种选择，即用 Maya 制作或使用 ZBrush 的 ZSphere(Z 球)进行快速搭建。这两种方法各有利弊，Maya 的多边形建模能直接按动画布线需求精准地制作模型，之后再导入 ZBrush 进行细节添加。它的优点是布线合理，缺点则是制作效率不高。用 ZSphere(Z 球)快速搭建的方法，优点是能极其快速地生成模型，在制作生物体模型时体现得更加明显，缺点是无法精确控制模型布线，而且很多细节部分需要借助 Maya 进行调整。两种方法相比较，用 ZSphere(Z 球)进行生物建模的效率比较高。

3.1　ZBrush 的界面及基本操作

1. ZBrush 的界面

打开 ZBrush 软件，当前版本号是 ZBrush 4R7 P3。先来了解一下软件的布局，页面如图 3-1 所示。

图　3-1

（1）标题栏。它包含当前版本信息、Quick Save(快速保存)、See-Through(软件半透明显示)、Menus(显示隐藏菜单栏)、Default ZScript(导入默认脚本)、更改界面布局以及软件的放大、缩小和关闭。

（2）菜单栏。这个区域包含 ZBrush 所有菜单，与普通软件不同，ZBrush 的菜单是按首字母的先后顺序排列。

（3）顶部工具架。放置了工作中常用到的调节参数，大部分是与笔刷有关的参数。

（4）托盘区。可以将常用菜单展开放置其中，方便选择命令。托盘区在软件两侧都有，左侧的默认关闭通过侧面的双箭头可以展开。

（5）LightBox。可以快速浏览 ZBrush 自带素材文件。

（6）文档视图区。这个区域也被称为画布区域，是进行雕刻与绘画的主要操作区。

（7）笔刷。鼠标一旦进入画布区域就转变为笔刷模式，笔刷以同心圆显示，外圈代表笔刷影响范围和衰减区域，内圈是焦点区域。

（8）左右公用项目。包含常用笔刷控制属性、颜色拾取器和视图导航等内容。

2. ZBrush 的基本操作

接下来介绍 ZBrush 的基本操作。

（1）打开 LightBox，可以通过“，”键将其打开或关闭，也可以直接单击 Hide（隐藏）按钮进行关闭。在 LightBox 里 Tool（工具）选项卡内选择半身像，会发现这个文件的后缀名是 .ZTL，这个后缀是 ZBrush 中特有的“Z 工具”格式，一般在雕刻阶段都会保存成这个格式的文件，如图 3-2 所示。

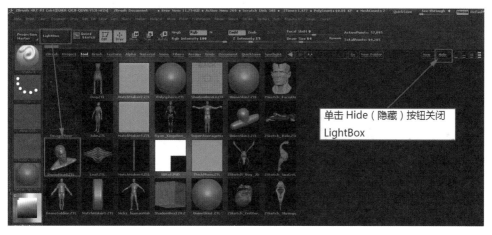

图　3-2

（2）双击半身像，模型会被导入画布并直接进入 Edit（编辑）模式，T 键是开启 Edit（编辑）模式的快捷键，如图 3-3 所示。

（3）了解鼠标的应用，当鼠标处于物体区域内时，按住左键会使用当前笔刷对模型表面进行编辑，如图 3-4 所示。

（4）在画布空白处按住鼠标左键或是右键，向任意方向拖动都是旋转视角，效果同公用项目面板中的 Rotate（旋转视图）按钮，如图 3-5 所示。

（5）在鼠标左键拖动旋转视角的同时，按 Shift 键可以让视角进入正交视角，这是一种垂直于模型的观察角度，因为 ZBrush 中没有常规三维软件的正交视图，所以只能通过这种方式观察无透视效果的模型，如图 3-6 所示。

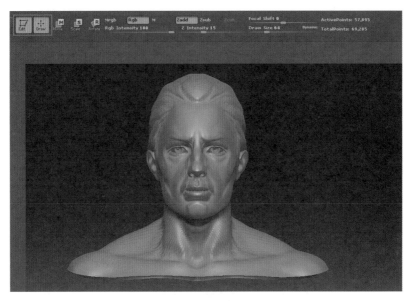

图 3-3

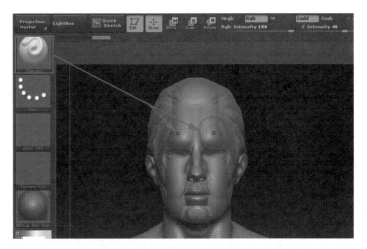

图 3-4

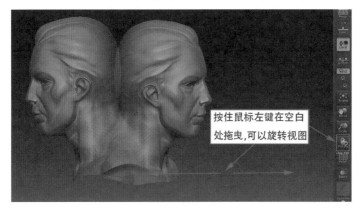

图 3-5

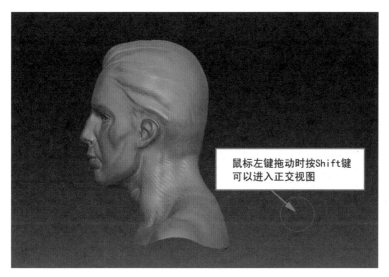

图　3-6

（6）在画布空白处按住 Ctrl 键并右击可以缩放观察视角，效果同公用项目面板中的 Scale（缩放视图）按钮，如图 3-7 所示。

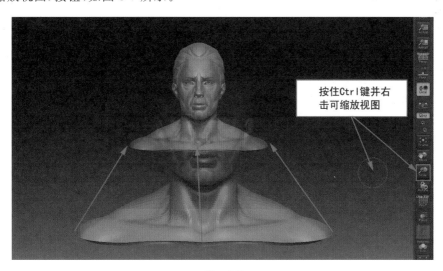

图　3-7

（7）在画布空白处按住 Alt 键并右击可以平移观察视角，效果同公用项目面板中的 Move（位移视图）按钮，如图 3-8 所示。

以上这些操作只是更改了观察角度，即画布上物体并没有做任何变化，改变的只是观察位置、角度和距离。

然后来看看 Mask（遮罩）的生成方式。Mask（遮罩）的概念在 ZBrush 中非常重要，用法也很灵活。比如在雕刻时，可以使用它保护已经绘制好的区域不受影响。在提取模型表面时，也可以作为选择的区域，甚至在为模型分组时，也可以作为分组的依据。这些用法会在后面的制作中逐一讲解。在画布的空白处按住 Ctrl 键单击可以拖曳出一个遮罩区域，而在模型区域同样按住 Ctrl 键单击就可以进入 Mask（遮罩）笔刷模式，在模型的表面自由绘制遮罩区域，如图 3-9 所示。

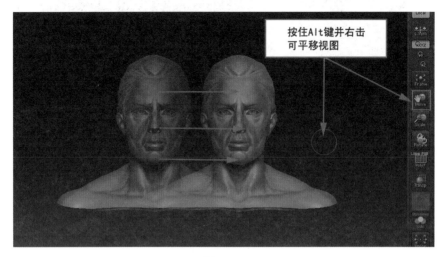

图　3-8

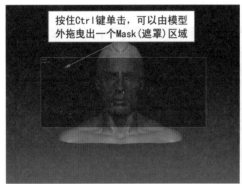
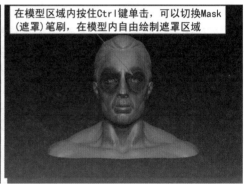

图　3-9

ZBrush 中另一个重要的操作是"隐藏"。ZBrush 有两种常用隐藏方式。

第一种在模型区域外按住 Ctrl＋Shift 组合键单击，可以拖曳出"绿色"区域，这种操作会保留绿色区域内的物体，并将区域外的模型隐藏，如图 3-10 所示。

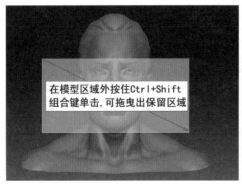

图　3-10

第二种在模型区域外按住 Ctrl＋Shift＋Alt 组合键单击，能拖出"红色"区域框，红色区域内的物体都会被隐藏，如图 3-11 所示。

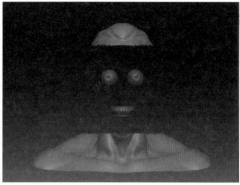

图　3-11

当模型有隐藏的部分时，在物体之外的画布空白区域按住 Ctrl＋Shift 组合键单击会显示所有被隐藏的部分。而如果在物体上使用相同组合键会取得相反的效果，也就是说，当前隐藏的部分会显露，而原本显示的部分会被隐藏。在后面实例中会具体使用这些隐藏方法，如图 3-12 所示。

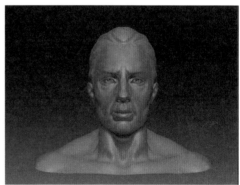

图　3-12

主要的组合键就先介绍这些，还有一些其他常用的组合键和命令，会在制作实例用到时再做介绍。本书不会对软件的每一个菜单做面面俱到的讲解，只对案例书中使用到的命令做详细的说明。对大多数软件来说常用功能并不多，没有必要耗费精力把一款软件的所有功能都学得非常透彻，懂得使用多款软件取长补短才是明智的做法。

3.2　ZSphere（Z 球）基础知识

ZSphere（Z 球）在 ZBrush 中是作为 Tool（工具）组件出现的，要找到它需要先打开 Tool（工具）菜单，由于这个菜单是最常用的菜单之一，所以 ZBrush 默认状态下是将它直接展开放置在软件右侧的托盘栏内。单击 Tool（工具）菜单内当前工具的图标，展开工具列表，从里面找到 ZSphere（Z 球），后面简称 Z 球，如图 3-13 所示。

图　3-13

（1）选中 Z 球，当前工具被切换成了 ZSphere（Z 球）的图标，用鼠标左键将它拖入画布，接着按 T 键激活 Edit（编辑）模式。可以对被激活的编辑物体进行移动（W）、缩放（E）和旋转（R）等，按 Q 键就可以回到 Z 球的 Draw（绘制）状态，如图 3-14 所示。

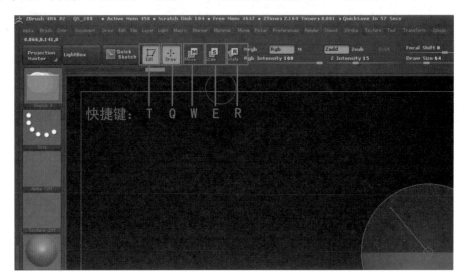

图　3-14

（2）如果把 Z 球拖入画布后忘记按 T 键进入 Edit（编辑）模式，鼠标左键在画布中就会不断拖曳出 Z 球，这时需要使用 Document（文档）菜单中的 New Document（新建文档）命令清空当前的画布，如图 3-15 所示。

（3）先来观察一下 Z 球，它由两种颜色构成，这样的设计有助于观察它在画布中的朝向和角度。当鼠标放置在 Z 球的范围内时，会由 Z 球的球心引出一条红线，在它的末端有个圆圈标示下一个 Z 球生成的位置。在 Draw（绘制）状态下，按住鼠标左键进行拖动就会生成新的 Z 球，如图 3-16 所示。

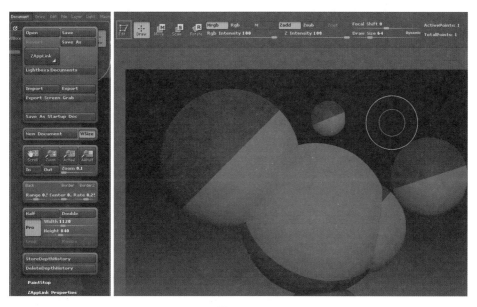

图　3-15

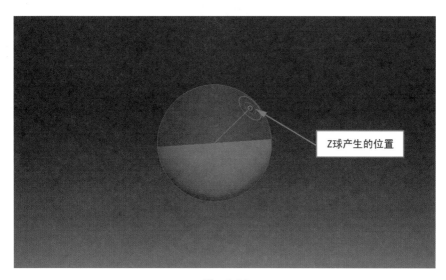

图　3-16

（4）按住鼠标左键在画布空白处拖动，旋转视图，配合 Shift 键，将 Z 球调整到正交视角，会发现鼠标在 Z 球上有红色和绿色两种显示，红色代表普通绘制区，绿色则是最佳绘制区，通过测试发现最佳绘制区基本处于交叉于球心的垂直线和水平线附近，如图 3-17 所示。

（5）在 Draw（绘制）模式下使用鼠标左键连续拖曳，会得到由多个 Z 球组成的球链结构。现在观察一下这个形体，会发现每个创建好的 Z 球之间都有灰色的链接部分，这些起到链接作用的灰色球体在 Draw（绘制）模式下单击也可以转化成 Z 球。如果在 Draw（绘制）模式下按住 Alt 键，就进入删减 Z 球的状态，如图 3-18 所示。

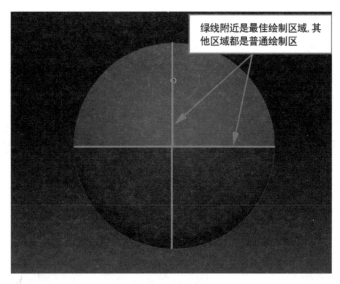

图 3-17

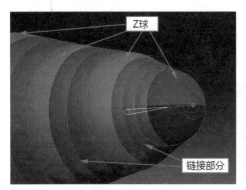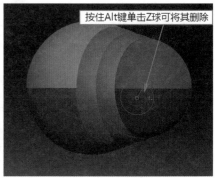

图 3-18

（6）进一步观察会发现球链结构类似 Maya 中的骨骼结构，每个 Z 球都像是一个骨节点，在两个骨节点之间有白色的链接部分。这个链接结构一侧粗，另一侧细，具有明显的指向性。粗的一端类似于 Maya 骨骼中的父关节，而细的一端则像是由父关节衍生的子关节，如图 3-19 所示。

（7）在关闭 Draw（绘制）模式的状态下，可以使用 W、E、R（移动、旋转、缩放）键对 Z 球及 Z 球之间的白色链接部分进行相应操作。对 Z 球操作，效果只会影响当前的 Z 球。但是如果对链接部分进行操作，则会影响链接末端指向的所有子 Z 球。如果对链接部分操作时按下 Alt 键，效果又有所不同。下面以缩放模式为例，对一个左右对称的球链进行缩放操作的演示，如图 3-20 所示。

通过演示可以看出，直接缩放链接部分会让处在子端的球体缩小，同时它们之间的距离也会相应缩短。而按住 Alt 键缩放链接部分，则会在收缩子端球体的同时保持它们之间的相对距离不变。

（8）按 A 键可以快速地在球链结构与多边形模型之间进行转换，以方便观察模型的形态，如图 3-21 所示。

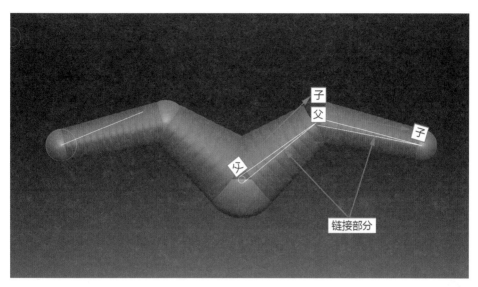

图 3-19

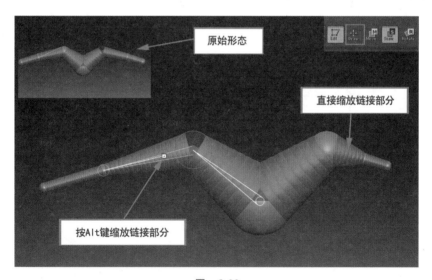

图 3-20

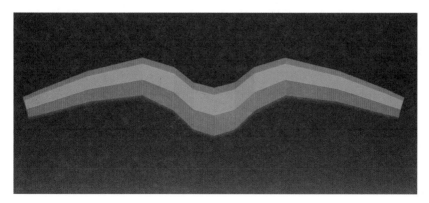

图 3-21

3.3 用 ZSphere（Z球）创建基本形体及 ZBrush 的保存类型

对 Z 球有了基本认识之后进入怪兽案例的制作流程。

（1）在 Tool（工具）菜单中选取 Z 球，在画布中拖曳出第一个 Z 球体，把它作为怪物的躯干部分，如图 3-22 所示。

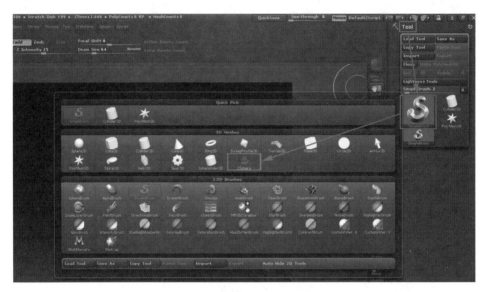

图　3-22

（2）按 T 键进入 Edit（编辑）模式，使用鼠标左键在画布空白处拖动，旋转视图，同时按 Shift 键，让视角进入正交模式，即图 3-23 中分界线处于水平状态的样子。

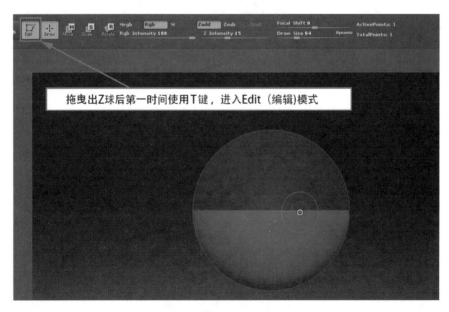

图　3-23

（3）打开 ZBrush 的笔刷对称功能，因为制作的怪兽模型像大多数的生物一样，是左右对称的结构，开启笔刷对称功能后能让建模过程事半功倍。选择 Transform（变形）菜单中的 Activate Symmetry（激活对称）→X 命令，或者直接按 X 键也可以激活 X 轴向上的对称，这时将鼠标放置在 Z 球上可以看到在 X 轴向上出现了两个画笔落点，如图 3-24 所示。

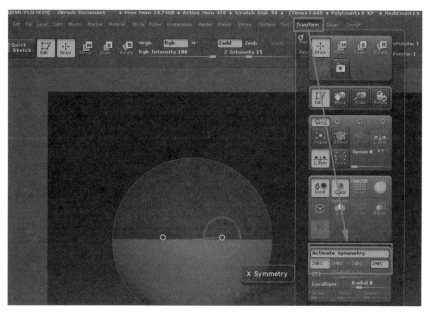

图　3-24

（4）拖曳鼠标会在球体两侧各生成一个 Z 球作为怪物的肩膀。按 W 键，进入 Move（移动）模式，按 E 键进入 Scale（缩放）模式，对已生成的 Z 球进行大小和位置上的调整。在这个阶段，需要灵活地在 Draw（绘制）模式和 Move（移动）、Scale（缩放）模式中进行切换。每次生成新的 Z 球后立即对其进行调整，而不要等画布中的 Z 球非常多了才想起要调整它们，如图 3-25 所示。

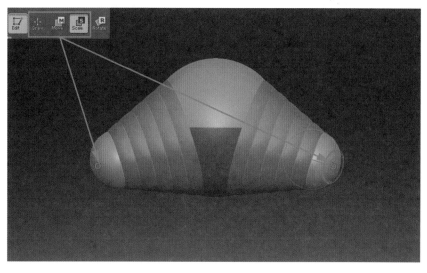

图　3-25

（5）调整两侧 Z 球的大小与位置，它们将作为怪物的肩部。为了便于观察为当前场景中的 Z 球替换材质，同时打开 PloyF（多边形网格结构）或者用组合键 Shift＋F，它会让模型中的不同部分以不同颜色进行显示，每种颜色都是一个多边形组，如图 3-26 所示。

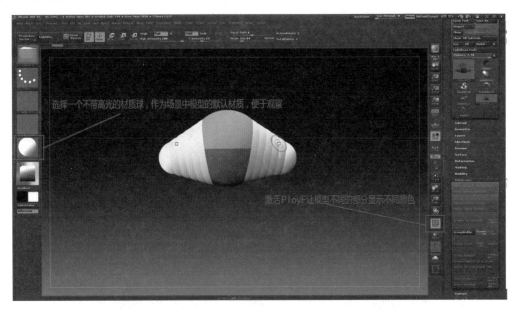

图　3-26

（6）确定颈部的位置，并拉出颈部及头部，由于躯干部分不需要镜像，所以在绘制 Z 球时将鼠标向模型的中心移动，在靠近中心点的位置笔刷会自动吸附合二为一，如图 3-27 所示。

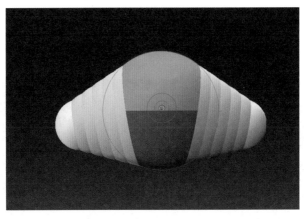

图　3-27

（7）拖曳出躯干的大形，将头颈、躯干及四肢的大体比例及位置确定好，如图 3-28 所示。

（8）继续给模型添加新的 Z 球，以丰富形体。在添加的过程中一定要经常旋转视图进行观察，观察身体各部分的结构比例是否与最初的设计相符。比如怪物的背部整体呈现菱形，这样的形状能突出它的强壮。尾巴部分在制作时与脊椎处于一条直线上，不要做成左右摆动的样子，这样处理可以方便模型的雕刻与骨骼的添加，如图 3-29 所示。

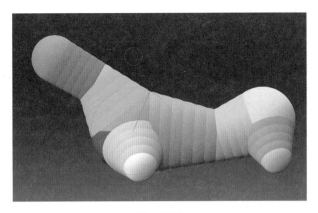

图 3-28

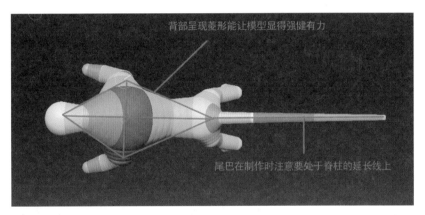

图 3-29

（9）四肢则要从正前方和正后方观察腿部关节的弯曲角度，让模型看起来更加生动、有力，如图 3-30 所示。

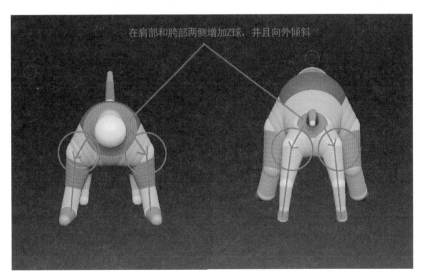

图 3-30

（10）后腿及膝盖部分的结构需要注意，因为四足动物的膝部在比较靠上的位置，在后面对模型进行雕刻时也要注意这个部位，如图3-31所示。

侧面主要需要注意四肢的关节结构尤其是后腿的膝盖部分

图 3-31

（11）在Z球建模的过程中，随时可以按A键切换到多边形的模式进行观察，对模型的大形满意后，就可以使用笔刷进行更细致的调整，如图3-32所示。

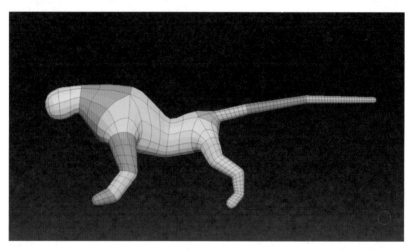

图 3-32

（12）在Draw（绘制）模式下选择笔刷对模型进行外形调整，这一阶段最常用的笔刷是Move（移动）笔刷，这里的Move（移动）笔刷与之前说的Move（移动）模式不同，Move（移动）笔刷针对的是模型的顶点级别。它可以通过移动模型的表面顶点，达到改变模型外貌的目的，如图3-33所示。

（13）先来看看笔刷的两个重要参数，即Draw Size（绘画尺寸）和Focal Shift（焦点）。Draw Size（绘画尺寸）决定笔刷的尺寸大小，Focal Shift（焦点）决定笔刷中心最大强度区域的大小。Focal Shift（焦点）之外的区域笔刷效果会逐步衰减，如图3-34所示。

（14）Move（移动）笔刷能控制处于笔头范围之内的所有模型顶点，右击或者按空格键会弹出笔刷的相关参数，可以更改画笔的大小。如果想精确移动单个顶点可以将Draw Size

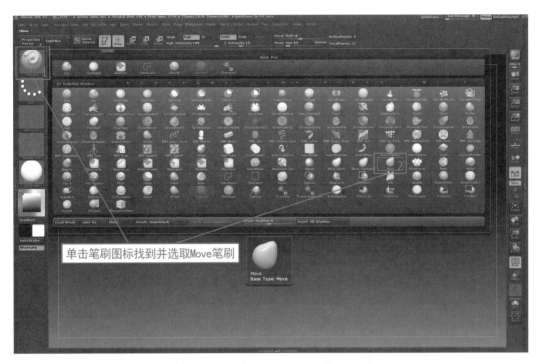

图　3-33

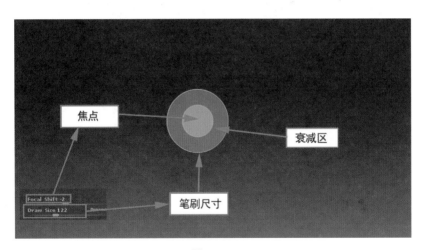

图　3-34

（绘画尺寸）的数值设置为 1，这样笔刷每次就只能移动一个顶点，如图 3-35 所示。

（15）趁着模型的面数不多时调节它的外形，这与其他三维软件的建模方法相同，都是在初期要求用最少的面数表现最准确的形体，如图 3-36 所示。

外形调节完成后，把当前阶段进行保存，在初期学习时尽量在每个阶段都留有存档，以便出现问题后可以找到最近的环节进行修改。

ZBrush 可以保存的类型比较多，最常见的保存形式如下。

第一种是保存成 Z 工具，位置在 Tool（工具）菜单中的 Save As（另存为）命令，Z 工具格式的后缀名是.ZTL。它能保存模型的多边形层级及 Z 球信息，而且保存的文件体积相对较

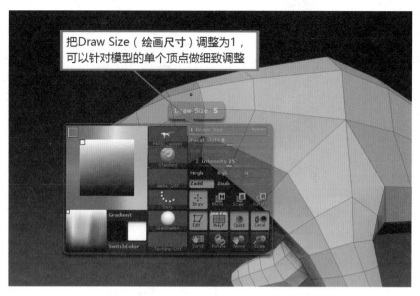

图　3-35

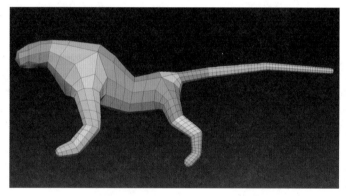

图　3-36

小，在建模过程中经常分阶段保存成这个格式。现阶段可以把身体模型保存成这种格式，如图 3-37 所示。

第二种是保存为 .OBJ 格式，在 Tool（工具）菜单中选择 Export（输出）命令将模型输出成 .OBJ 格式。.OBJ 格式是 Alias|Wavefront 公司推出的一种用于存储多边形三维物体的通用格式，可以使用市面上常见的三维软件打开和编辑，如图 3-38 所示。

第三种是保存成 .Zbr 文档格式，Document（文档）菜单中的 Save（保存）命令会把三维场景转化成平面信息，保存的是当前画面的深度信息，简单地说，场景会被保存成一张图片，如图 3-39 所示。

第四种是保存为 ZBrush 的工程文件，也就是 ZBrush 中组合键 Ctrl＋S 默认的保存格式。位于 File（文件）菜单中的 Save As（保存）命令，保存格式为 .Zpr。这种格式保存的信息最全，但文件体积也最大，如图 3-40 所示。

图　3-37

图　3-38

图　3-39

图　3-40

3.4　ZBrush 中使用变形手柄做出挤压效果

在这一节中学习如何使用 ZBrush 的变形手柄制作出类似挤压的效果。变形手柄只能针对多边形网格物体进行操作，它的大部分功能是针对角色动作调整的，使用到的只是变形手柄最基础的知识。

先来看变形手柄的组成结构，它是由一根红线贯穿 3 个同心圆环，其中又以中间位置的同心圆为重点。处于两侧的黄色的圆环控制手柄的旋转角度，中间的黄环控制整个手柄的位置。位于内侧的小环控制着模型，中间的白色小环控制着物体中心产生的变形，两侧红色小环互为对方的变形中心。手柄一侧有红、绿、蓝三色交叉线，它们分别对应着 X、Y、Z 3 个轴向，通过单击相应颜色可以让手柄沿着对应的轴向摆放。在手柄另一侧有一个白色的小环，单击它可以让手柄回归模型的中心，如图 3-41 所示。

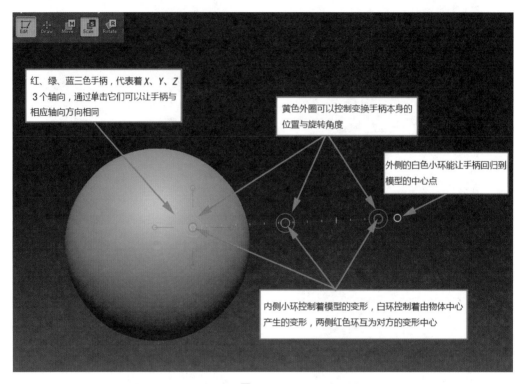

图　3-41

因为在三维空间中，变形手柄在拖曳出来后极容易产生透视效果，所以拖曳出手柄后，一定要从多个角度观察手柄的位置是否合适，如图 3-42 所示。

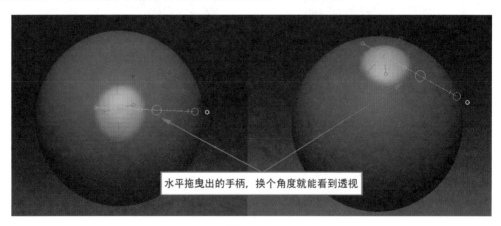

图　3-42

如果想避免上面这种情况，可以按住 Shift 键单击拖曳出变形手柄，它能尽量让手柄与视角保持垂直，避免透视拉伸的产生，如图 3-43 所示。

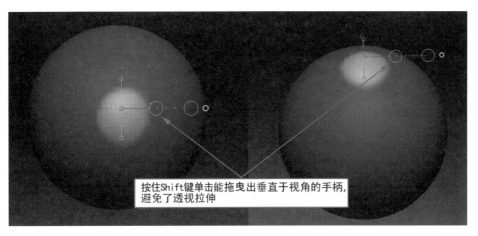

按住Shift键单击能拖曳出垂直于视角的手柄，避免了透视拉伸

图　3-43

回到实例的制作中，需要先将模型转换成三维多边形网格物体。只有多边形网格物体才能对其使用变形手柄，将来也能对其进行细分添加更多细节。

（1）在 Tool（工具）菜单中找到 Make PolyMesh3D（转换成三维多边形网格物体），这个命令在模型为 Z 球模式下显示为灰色，无法使用，只有按 A 键把模型转换成多边形网格模式才会被激活，使用 Make PolyMesh3D（转换成三维多边形网格物体）后，物体就彻底变成

眼部挤压

多边形物体。这步操作是无法逆转的，也就是一旦转换成三维网格模型，就再也无法回到 Z 球的状态进行调整了，如图 3-44 所示。

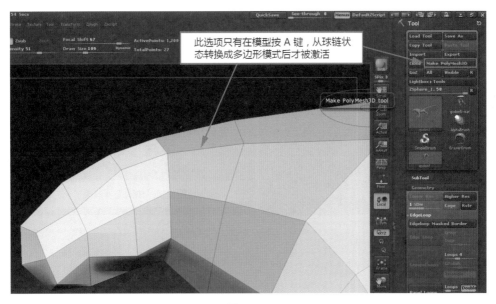

此选项只有在模型按 A 键，从球链状态转换成多边形模式后才被激活

图　3-44

（2）选择 Select Lasso（选择套索）笔刷，它是隐藏笔刷的一种，可以自由绘制隐藏区域。这时会弹出对话框。现在按 Ctrl＋Shift 组合键，就会调出刚选择的 Select Lasso（选择套索）

笔刷。按住 Ctrl＋Shift 组合键不放，调出 Select Lasso（选择套索）笔刷进行区域绘制。一定要将眼部区域全部包裹进去，这样画布中除了被包裹的眼部区域以外其他部分就全部被隐藏，如图 3-45 所示。

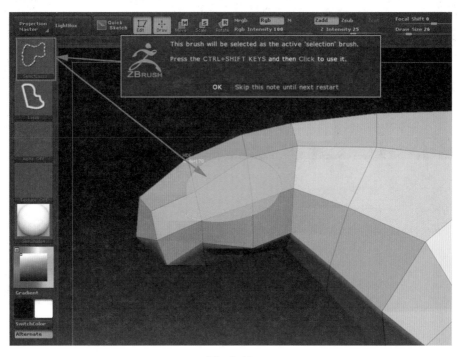

图　3-45

（3）现在得到了头两侧的两个面片。旋转观察视角会发现从背面观察它们消失了，原因是它们现在都是单面显示的状态，这种状态对建模造成一定观察阻碍。要解决这个问题，需要激活模型的双面显示，如图 3-46 所示。

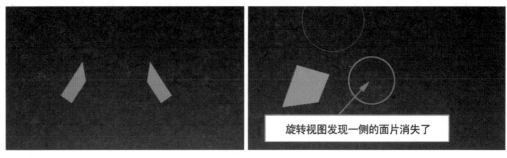

图　3-46

（4）选择 Tool（工具）→Display Properties（显示属性）→Double（双面显示）命令，就可以看到面片的内侧了，如图 3-47 所示。

（5）按住 Ctrl 键，用鼠标左键在画布上拉出一个 Mask（遮罩），把两个面片都包含进去，如图 3-48 所示。

（6）之前讲过，Mask（遮罩）的作用是保护遮罩内的物体不受其他操作影响。按住

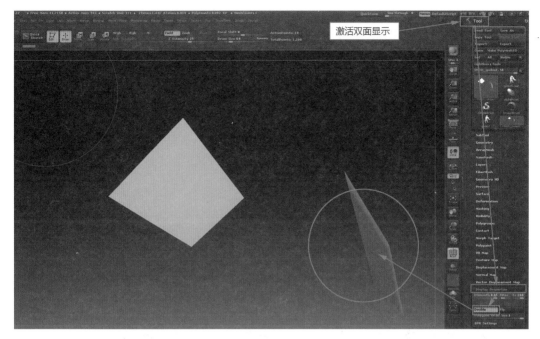

图 3-47

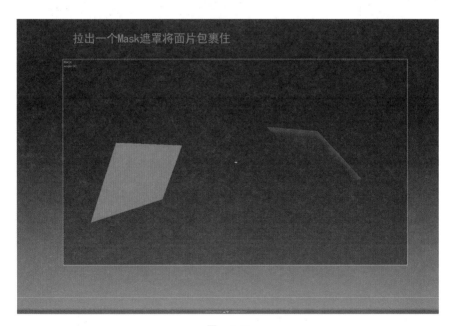

图 3-48

Ctrl＋Shift 组合键，在画布的空白处单击可以取消之前的隐藏效果。现在模型全部显露，只有眼睛部位被 Mask（遮罩）覆盖，如图 3-49 所示。

（7）翻转遮罩效果。按住 Ctrl 键同时在画布的空白处单击，模型上的遮罩效果就会翻转，需要挤压的眼部区域就从遮罩的保护中脱离，如图 3-50 所示。

（8）按 E 键进入 Scale（缩放）模式，按 X 键打开左右对称。借助 Shift 键能让拖曳出的

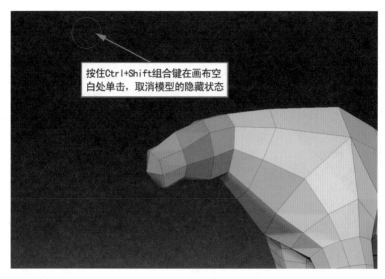

图 3-49

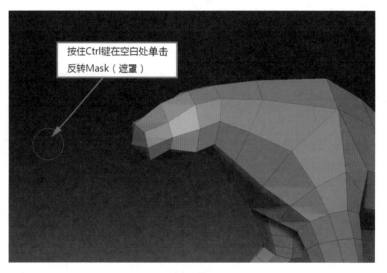

图 3-50

变形手柄避免透视变化。旋转视图调整手柄垂直于眼部面片,如图 3-51 所示。

(9) 按住 Ctrl 键拖曳缩放手柄内的红圈,这步很关键,如果不按住 Ctrl 键直接去拖曳红圈,得到的结果只是模型这部分的等比例缩放,按住 Ctrl 键后拖曳就会在原始面片的基础上缩放出一个新的面。新面生成后可以将其移动到合适的位置,这样就初步完成了眼眶部分的挤压工作,如图 3-52 所示。

建议:

关于这部分操作要特别指出,缩放手柄做出的挤压操作只能针对没有细分级别的模型。如果模型组件存在多个层级,需要对模型组件使用 Tool(工具)菜单→Geometry(几何体)→Freeze SubDivision Levels(冻结细分层级)命令,不论组件有多少细分层级,它都会将其看作 1 级,并且也只显示 1 级细分的面数。在完成挤压操作后可以再次单击 Freeze SubDivision

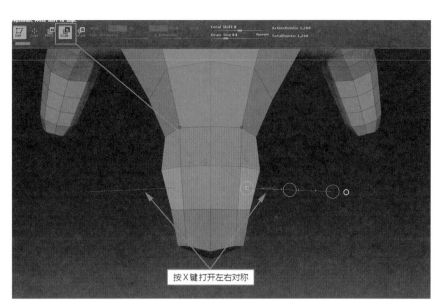

图　3-51

图　3-52

Levels（冻结细分层级）就能取消冻结，如图 3-53 所示。

　　现在可以继续模型耳部的制作了，在制作之前观察一下模型会发现头部的布线太少，没有特别适合耳朵的位置，需要为这个模型增加新的面，如图 3-54 所示。

　　在增加新的面之前先隐藏头部以外的所有模型。建模时经常会把暂时不需要操作的部分进行隐藏，这样做有两个好处：首先，只显示局部更方便观察和细节刻画；其次，只显示少量的面数可以加快软件的运算速度。

　　（1）单击 PolyF（多边形网格结构）按钮或按 Shift＋F 组合键，

图　3-53

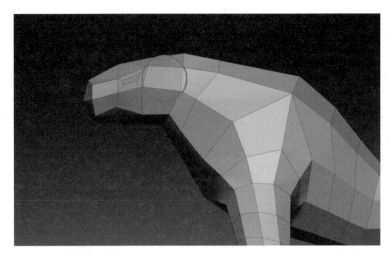

图　3-54

发现模型各部分呈现不同色彩，每个彩色区域都代表这里曾经是一个Z球的控制范围，而现在每种色彩都是一个独立的多边形组，将利用这些多边形组控制模型是否显示，如图3-55所示。

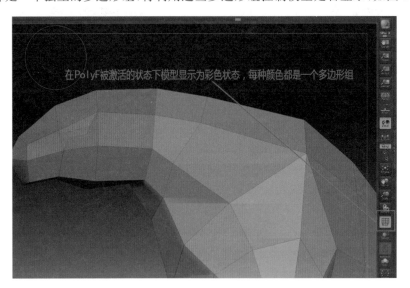

图　3-55

（2）在头部的红色组所在区域按住Ctrl＋Shift组合键单击头部组，会将头部以外的部分隐藏，如果保持按住Ctrl＋Shift组合键不放的状态在相同位置继续单击，则会得到只隐藏头部的相反结果，第三次单击会让模型全部显示。让模型保持第一种状态，即只显示头的部分，如图3-56所示。

（3）在Draw（绘制）模式下，寻找一个名叫SliceCurve（切割曲线）笔刷，这是在ZBrush 4R2版本中加入的工具，可以将已有的面片一分为二，如图3-57所示。

（4）单击笔刷后弹出提示框。现在这个笔刷可以用Ctrl＋Shift组合键激活。这时当同时按住Ctrl＋Shift组合键后笔刷就会出现在左侧菜单托盘中，松开此键会恢复为之前的默认笔刷，如图3-58所示。

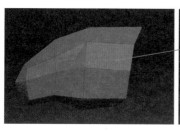

图　3-56

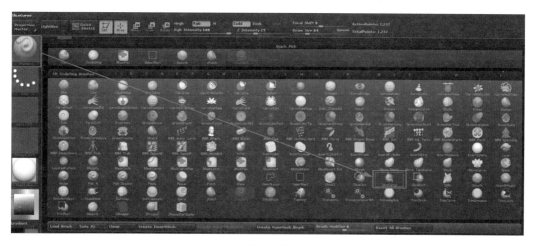

图　3-57

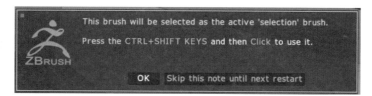

图　3-58

（5）按 Ctrl＋Shift 组合键配合鼠标左键在模型头部拖出一条切割路径，松开鼠标后会发现路径通过的面全部被一分为二，如图 3-59 所示。

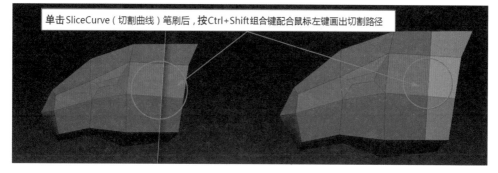

图　3-59

（6）从模型表面的颜色可以知道，新划分出的面被自动划分为一个多边形组，现在把它合并进头部的组中。选择 Tool（工具）→Polygroups（多边形组）→Auto Groups（自动成组）菜单命令，画布上可见的模型都变成了同一种色彩，标志它们已经合并进一个多边形组内，如图 3-60 所示。

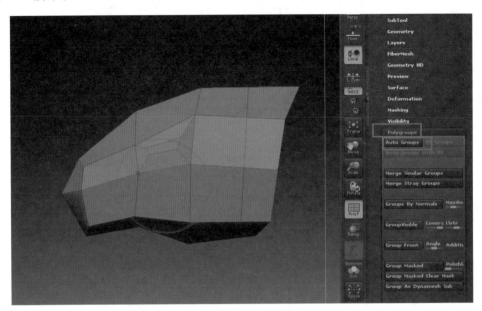

图　3-60

（7）接下来开始制作模型的耳朵，方法与制作眼睛类似。先将生成耳部区域的面片用 SelectLasso（选择套索）笔刷选中，隐藏其他部分，如图 3-61 所示。

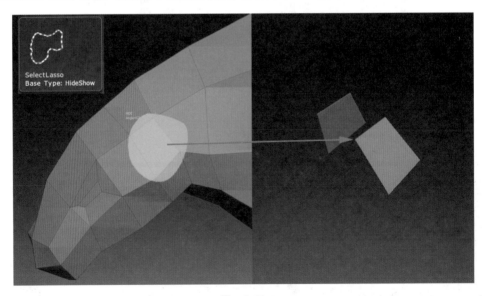

图　3-61

（8）将这两个面用 Mask 框选后显示出其他部分，在空白处按住 Ctrl 键单击反转 Mask

的区域,如图 3-62 所示。

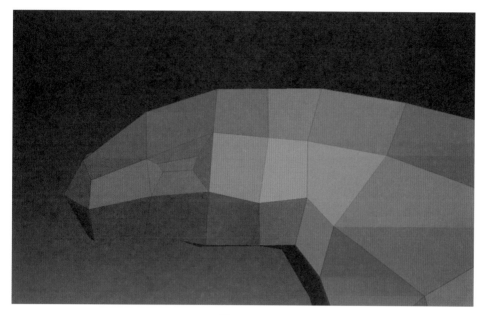

图　3-62

（9）按 E 键进入 Scale(缩放)模式,先按 X 键,打开镜像,再按住 Shift 键在头两侧拖曳出缩放手柄,如图 3-63 所示。

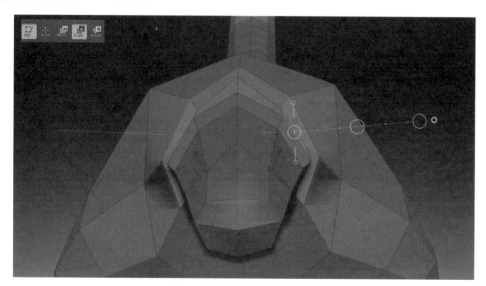

图　3-63

（10）如同之前挤压眼部的操作,按住 Ctrl 键拖曳手柄靠近面片那个圆环中的红色部分,分两次拖曳,就得到了耳部。按 Q 键,回到 Draw(绘画)模式,使用 Move(移动)笔刷对耳部的外形进行调整,如图 3-64 所示。

（11）按住空格键可以调出笔刷的参数面板。将 Draw Size(画笔尺寸)调至 1,以单个顶点为单位对模型进行精确调整,这种调整方式在初期模型没有细分时经常使用。此时模型面数极少，通过单点调整可以精准把控模型的整体轮廓。在调点时，可以适当将参数面板中的 Z Intensity（Z 强度）数值调大，增强笔刷对模型顶点的控制力，如图 3-65 所示。

图　3-64

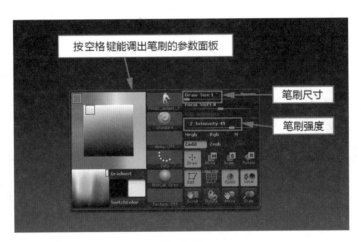

图　3-65

3.5　嘴部制作：在 ZBrush 中添加循环边

现在制作嘴部，确定嘴部的区域并为其添加循环边，以方便以后制作嘴部开闭的动作。

（1）确定嘴部所在的区域，按住 Ctrl＋Shift 组合键拖曳出绿色显示区域，覆盖嘴部，将其他区域隐藏。如显示的面中有不需要的，则按住 Ctrl＋Shift＋Alt 组合键拖曳出红色选框，将其隐藏，如图 3-66 所示。

（2）选择 Tool（工具）→Geometry（几何体）→EdgeLoop（环形边）子菜单→Edge Loop（添加环形边）命令后就可以看到嘴部增加了一圈环形边。使用 Move（移动）笔刷对其造型进行调整。在执行这步操作时，有时会出现所选面片周围区域也被细分的现象，应该是软件 Bug，后撤之后多试几次就会得到满意的效果，如图 3-67 所示。

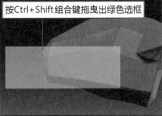
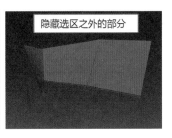

首先确定嘴部所在区域

按Ctrl+Shift组合键拖曳出绿色选框

隐藏选区之外的部分

图　3-66

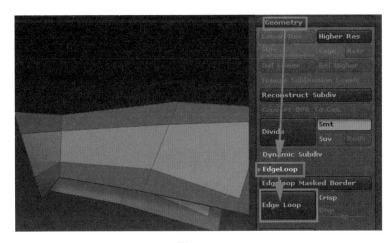

图　3-67

第 4 章　Maya 调整造型及 Sub-Tool（次级工具）组件的添加与制作

本章将借助 Maya 方便的多边形建模工具，继续为模型添加细节、调整模型的结构线、打开嘴部并制作口腔、制作头部长角部位的结构等，之后模型会被输回 ZBrush 添加更多的组件。

4.1 模型的传输与 GoZ 设置

模型在 Maya 与 ZBrush 之间有两种常见的传输方式：第一种方式是输出 .OBJ 格式的文件，.OBJ 是 Alias|Wavefront 公司开发的标准三维模型文件格式，Maya 和 ZBrush 都能识别这种格式的文件；第二种方式是借助 ZBrush 强大的 GoZ 插件在软件间无缝传输模型。

从上面的表述看，输出 .OBJ 的过程比较烦琐，工作效率不高，但它有其存在的必要性。首先，保存 .OBJ 的方式有更好的稳定性；其次，保存的 .OBJ 文件就相当于备份，可以随时使用不同的软件调用并修改。下面将学习如何输出 .OBJ 格式文件。

（1）选择 Tool（工具）→Export（输出）菜单命令，在弹出面板的"保存类型"一栏中选择 OBJ Format ＊.obj，单击"保存"按钮，会在指定的路径中生成 .OBJ 格式的文件，如图 4-1 所示。

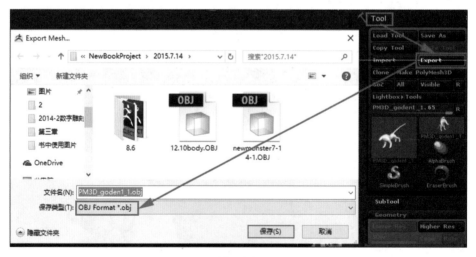

图 4-1

（2）.OBJ 格式的文档在 Maya 中无法直接识别。打开 Maya，本书中使用的版本是 Maya 2014 版，先选择 Window（窗口）→ Settings/Preferences（设置与参数）→ Plug-in Manager（插件管理）菜单命令，打开插件管理面板，在其中找到 objExport.mll 项，勾选后面的 Loaded（加载）和 Auto Load（自动加载）复选框。现在 Maya 就支持导入、导出 .OBJ 格式的文件了，如图 4-2 所示。

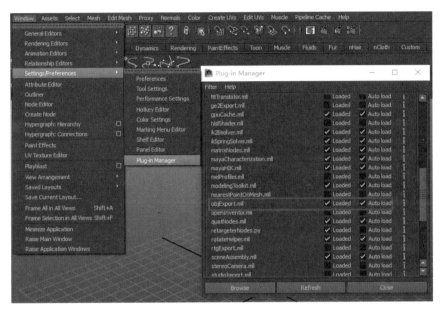

图　4-2

（3）在 Maya 中选择 File（文件）→Import（导入）菜单命令，把保存的.OBJ 文件导入。默认状态下 ZBrush 会按模型的多边形组输出文件，在 ZBrush 中看到的模型身上不同的颜色区域，在导出后变成了各自独立的物体，也就是出现模型破碎的问题，如图 4-3 所示。

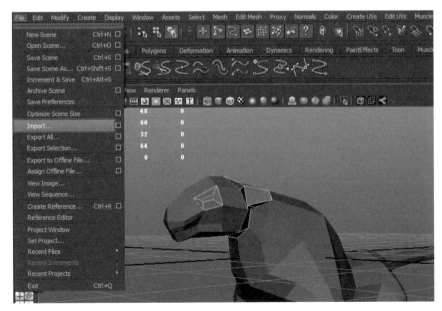

图　4-3

（4）有两种方法可以解决这个问题，将导出的模型整合为一个整体。

① 在 ZBrush 中，选择 Tool（工具）→Export（输出）菜单命令，关闭 Grp（组）按钮，这样

模型就不会以多边形组为单位输出了,如图4-4所示。

② 将模型整合成一个多边形组再输出。选择 Tool(工具)→Polygroups(多边形组)→ GroupVisible(将显示部分成组)菜单命令,这个命令可以让画布中显示的模型整合成一个组,如图4-5所示。

图 4-4   图 4-5

接下来学习使用 ZBrush 的插件 GoZ 传输模型。

(1) 选择 Preference(偏好)→GoZ 菜单命令,从 GoZ 的卷展栏中可以看到,它除了支持常见的三维软件外还支持 Photoshop 图像处理软件,如图4-6所示。

(2) 如果第一次使用 GoZ,就要先建立它与计算机中其他软件的联系。选择 Preference(偏好)→GoZ→Update all paths(校正所有路径)菜单命令,GoZ 会自动搜索计算机内所有可以关联的软件,如图4-7所示。

图 4-6   图 4-7

（3）一般情况下，GoZ 都可以顺利搜索到计算机上可以匹配的软件，并列出软件路径，单击路径就会自动在相关软件内安装 GoZ 插件。如果没有正确识别，或者计算机内安装有一款软件的多个版本，这时可以通过面板中的 Browse（浏览）按钮手动指定需要匹配的软件路径，如图 4-8 所示。

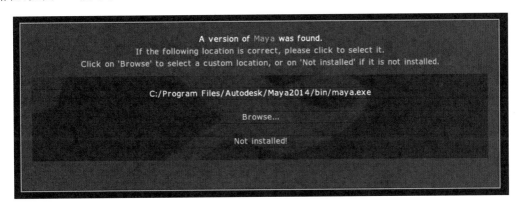

图 4-8

（4）安装完成后，在 Tool（工具）菜单中单击 GoZ 命令可以直接将模型传入其他软件，但是如果你的计算机上装有多款可以匹配 GoZ 的软件，就需要先指定 GoZ 的默认软件。单击 GoZ 右面的 R 按钮重置软件默选的 GoZ 支持软件，如图 4-9 所示。

（5）在弹出的面板中选择 GoZ 的默认软件，这里选择 Maya。以后再单击 GoZ 模型就会自动导入 Maya，如图 4-10 所示。

图 4-9

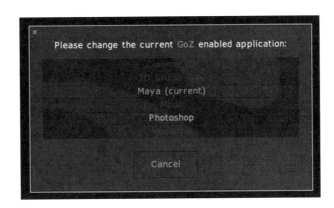

图 4-10

（6）如果 GoZ 安装成功，在 Maya 内工具架上会自动生成 GoZ 的选项卡。里面有 GoZ 的快捷图标，选中 Maya 场景中的模型单击图标，就能通过 GoZ 快速地把模型输回 ZBrush，如图 4-11 所示。

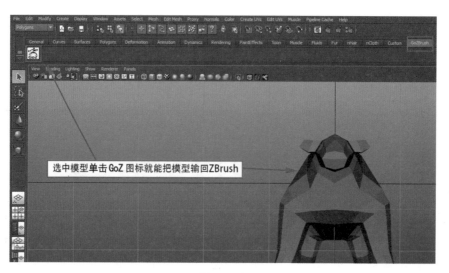

图　4-11

4.2　使用 Maya 细化造型

现在模型已经进入 Maya，本节将使用 Maya 的多边形建模工具，对模型的布线进行修正，同时也要完成口腔与头顶的建模。

模型是左右对称的，只要在 Maya 中完成一半模型的调整，然后将另一半复制即可。

Maya 制作身体大型

（1）进入前视图，在模型上右击会弹出快捷菜单，这种形式的快捷菜单叫作热盒，在弹出的热盒中选择 Face（面）进入物体的面级别，框选中一侧的面，按 Delete 键删除，如图 4-12 所示。

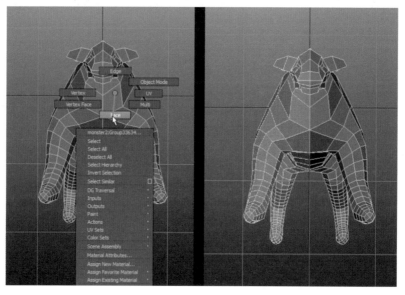

图　4-12

建议：

热盒是 Hotbox 的直译，它是由 Hotkey（热键也称为快捷键）衍生的一个单词。如果 Hotkey（快捷键）特指某一个快捷命令，那么 Hotbox（热盒）就是指一组快捷命令的集合。

（2）在余下的模型上右击，在弹出的热盒内选择 Object Mode（物体级别），回到模型的物体级别并将其选中，如图 4-13 所示。

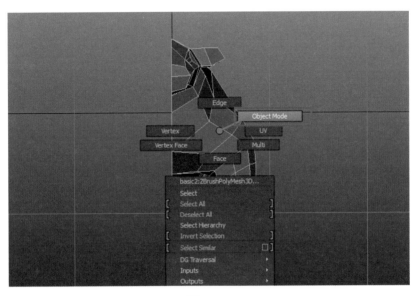

图　4-13

（3）单击 Edit（编辑）→Duplicate Special（特殊复制）菜单命令后的方块按钮□，如图 4-14 所示。

（4）在弹出的特殊复制选项卡面板中，选中 Geometry type（几何体类型）中 Instance（关联）单选按钮，这个属性可以让复制的物体受到原始物体的影响，对原始物体的所有操作都会反映在复制体上。然后在下面 Scale（缩放）属性中第一个框内输入－1，这里并排的 3 个数值框分别代表 X、Y、Z 3 个轴向。在 X 轴向上输入－1，表示将在 X 轴的反方向镜像出一个等大的复制体，如图 4-15 所示。

（5）单击 Apply（同意）按钮，得到左右镜像的模型，对其中一侧进行操作，另一侧也会受到相同影响，如图 4-16 所示。

（6）观察当前模型，最明显的问题有以下 3 个。

① 模型嘴部结构太简单，需要加线并且打开嘴部制作口腔。

② 部分活动关节的布线不够平滑，需要重新更改布线的流向。

③ 模型整体结构线需要优化，现在很多部位的布线没对造型起到任何作用，将其删除反而更加容易调整造型，如图 4-17 所示。

图　4-14

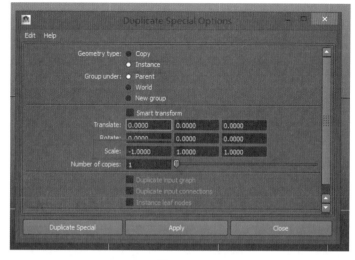

图 4-15

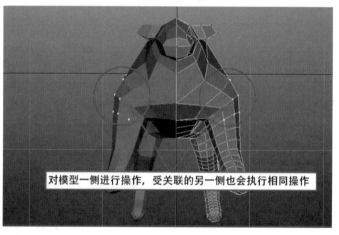

对模型一侧进行操作，受关联的另一侧也会执行相同操作

图 4-16

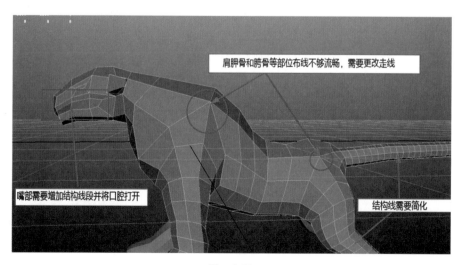

肩胛骨和胯骨等部位布线不够流畅，需要更改走线

嘴部需要增加结构线段并将口腔打开

结构线需要简化

图 4-17

建议：

目前阶段的重点在于使用 Maya 的多边形建模工具为模型造型。调节模型布线流向的操作，更多是为了练手和熟悉模型结构。后期会重新拓扑低模，具体原因本书后面会做解释。所以现阶段即使没法做到让布线非常流畅也不要灰心，因为这基本不会影响最后的制作效果。

修改布线最常用的工具有 3 个，分别是 Interactive Split Tool（交互分离工具）、Insert Edge Loop Tool（插入环形边工具）以及 Delete Edge/Vertex（删除边/点工具）。它们都集中在 Polygons（多边形）模块内的 Edit Mesh（编辑网格）菜单中，如图 4-18 所示。

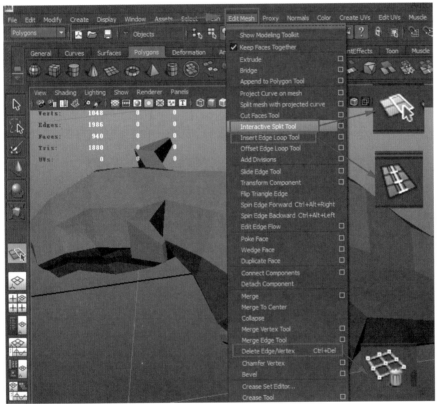

图　4-18　　　　　　　　　　　　　　　　　　　　　　　　　　眼部布线调整

修改布线的方法因模型而异。尤其是模型由 ZBrush 的 Z 球转换而来，所以每个人的模型遇到的布线问题都不会完全相同。这时要掌握调整布线的思路，先仔细分析自己模型的布线特点，找出存在的问题，然后搭配合适的布线方法。

（1）先从肩部和胯部的布线修改入手。这部分修改起来比较简单，造成肩部和胯部布线看起来不够平滑的根本原因是多条结构线从一个顶点散发出来，导致这个部位的布线流向受阻。对于一个动画角色来说，肩部与胯部都是活动幅度非常大的部位，这些区域的布线应当非常流畅，如图 4-19 所示。

（2）做法有点类似于消除模型中的三角面。解决思路：做出一个四边形，把要删除的边包裹进去，并且让其成为这个四边形的对角线，再将其删除就得到了四边面。使用 Edit

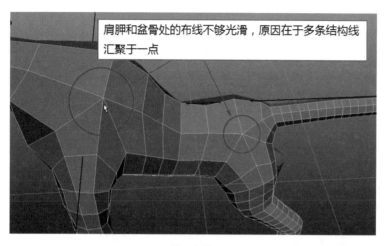

图　4-19　　　　　　　　　　　　　　　　　　　　　肩部布线调整

Mesh(编辑网格)→Interactive Split Tool(交互分离工具)菜单命令在黄线位置加线,让红线部分成为蓝色区域的对角线,然后使用 Edit Mesh(编辑网格)→Delete Edge/Vertex(删除边/点工具)菜单命令将红线部分删除,如图 4-20 所示。

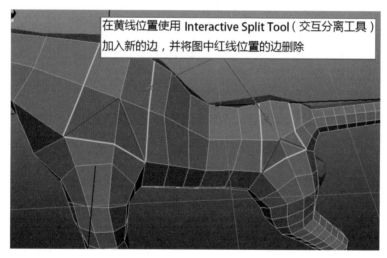

图　4-20

建议:

　　使用 Interactive Split Tool(交互分离工具)可以在模型上自由地画线,它在旧版本中叫作 Split Polygons Tool(分割多边形工具),绘制完成后按 Enter(回车)键可以确定绘制结果,并取消工具。绘制完成后右击可以确认绘制结果,同时工具不被取消可以继续绘制。

　　(3)经过上面的调整,肩部与胯部的布线变得流向明确、顺畅,如图 4-21 所示。

　　(4)细化嘴部的模型,在嘴部加线以便能将嘴部打开,制作里面的口腔。通过观察模型发现模型的前胸有一处布线也出现了多线汇聚于一点的问题,通过调整布线可以一次把这两个问题同时解决,如图 4-22 所示。

肩胛部分和盆骨部分变成了流畅的环线

图　4-21

图　4-22

嘴部调整

（5）从嘴部的正中间开始，选择 Edit Mesh（编辑网格）→Interactive Split Tool（交互分离工具）菜单命令添加图中的黄线，让红线变为四边形的对角线，之后选择 Edit Mesh（编辑网格）→Delete Edge/Vertex（删除边/点工具）菜单命令删除图中的红线部分，保留四边形的外框，如图 4-23 所示。

图　4-23

刚才绘制的线已经把嘴部咬合的位置标示出来了，现在需要把嘴部打开，并为口腔建模。

（1）在模型上右击调出热盒，选择 Edge（线）级别，把处于口腔区域正中间的线选中，选择 Edit Mesh（编辑网格）→Detach Component（分离元素）菜单命令，它可以将物体的点或边一分为二，选择 Detach Component（分离元素）命令后被拆分的元素仍然重叠在一起。右击调出热盒，进入模型的 Vertex（点）级别，按 W 键使用移动工具，手动将重叠的点分开，如图 4-24 所示。

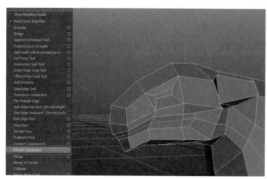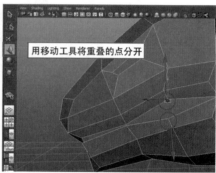

图　4-24

（2）分离后的嘴角结构太尖锐，需要通过调整布线将嘴角改成黄线的造型，如图 4-25 所示。

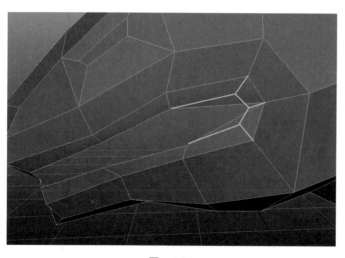

图　4-25

口腔打开

口腔制作

（3）选择 Edit Mesh（编辑网格）→Interactive Split Tool（交互分离工具）菜单命令，按图 4-26 所示的黄色部分添加两根结构线。

（4）在嘴角最内侧的线上再次使用 Interactive Split Tool（交互分离工具），单击加点并右击确认为内侧的两条边增加两个顶点，进入 Vertex（点）级别可以看到这两个新加的点，如图 4-27 所示。

（5）在模型的 Vertex（点）级别下选中新增加的两个点，选择 Edit Mesh（编辑网格）→

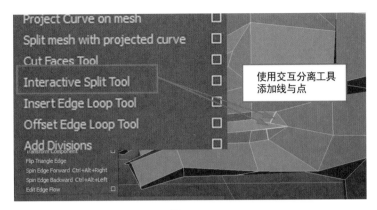

图　4-26

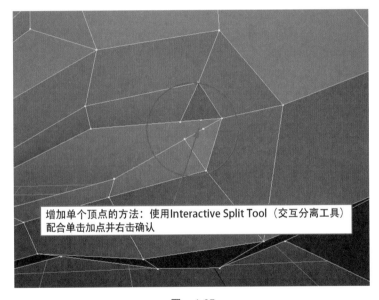

图　4-27

Merge Vertex Tool(合并顶点工具)菜单命令,将新增加的两个顶点进行合并,这样嘴角就有了一定的转折结构,如图 4-28 所示。

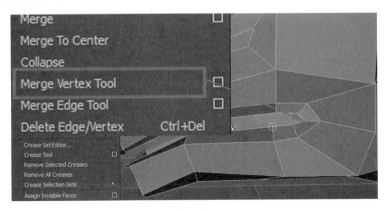

图　4-28

下面开始制作口腔部分，为了方便讲解将一侧的模型删除，待建模完成后将它再次镜像复制出来。

（1）在模型上右击，从热盒内进入模型的 Edge（边）级别，选中模型嘴部的轮廓线，留出最外端的上下两条线不要选，如图 4-29 所示。

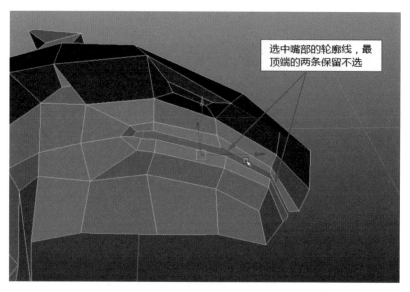

选中嘴部的轮廓线，最顶端的两条保留不选

图　4-29

（2）选择 Edit Mesh（编辑网格）→Keep Faces Together（保持面的整合）菜单命令，对选中的边选择 Edit Mesh（编辑网格）→Extrude（挤压）菜单命令，将口腔内的边向模型内部挤压，如果发现挤出的方向有问题，是由于选中的边坐标不统一造成的。单击挤压工具旁边的小手柄切换坐标，如图 4-30 所示。

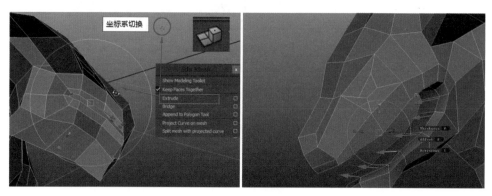

图　4-30

建议：

在 Maya 中存在两套坐标系，一个是世界坐标系，另一个是物体自身坐标体系。可以这样理解这两套坐标体系：世界坐标就像现实世界中所说的东、西、南、北，位置是相对统一的；自身坐标体系则是每个人的前、后、左、右，不同朝向的人，他的自身坐标指向是不同的。在这个例子里就需要沿世界坐标系挤出，让所有选中的边向着口腔内部移动。

（3）口腔内部挤压出来后，选择 Edit Mesh（编辑网格）→Merge Vertex Tool（合并顶点工具）菜单命令，将挤出部分的顶点与嘴部最前端的点进行合并，完成口腔造型，如图 4-31所示。

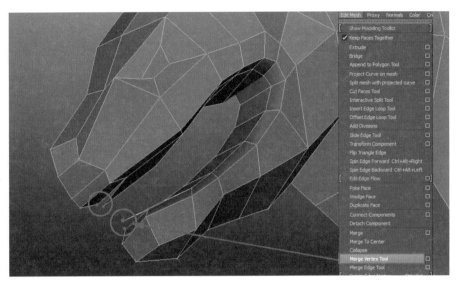

图　4-31

接着清除模型上多余的布线，在模型上右击，从热盒内进入模型的 Edge（边）级别，选中多余的结构线，选择 Edit Mesh（编辑网格）→Delete Edge/Vertex（删除边/点工具）菜单命令进行删除，精简模型的结构如图 4-32 所示。

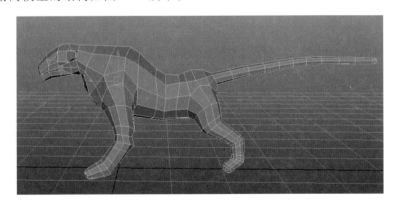

图　4-32

接下来细化头部，头部造型在整个作品中非常重要。选择 Edit Mesh（编辑网格）→Insert Edge Loop Tool（插入环形边工具）菜单命令，为模型头部增加新的结构线。主要是增加了眼轮匝肌和口轮匝肌附近的环线，以及修改了鼻端布线以方便造型，具体增加部位参照图 4-33 所示黄色部分。

头部加线完成后，再制作兽角生长的部位。制作这部分时可以先观察素材，发现这些长角的部位都会突起在头骨上，如图 4-34 所示。

（1）右击调出热盒，进入模型的 Face（面）级别，选择兽角的生长区域。选择 Edit Mesh

（编辑网格）→Keep Faces Together（保持面的整合）菜单命令，对所选区域的面使用 Extrude（挤压工具），如图 4-35 所示。

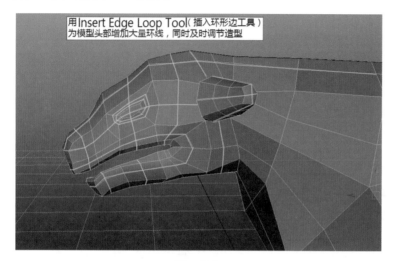

图　4-33

头部布线调整

图　4-34

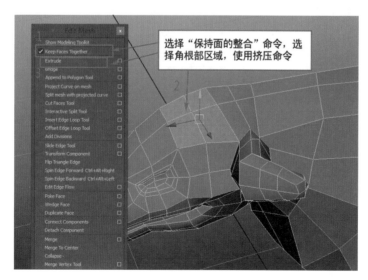

图　4-35

角部布线调整

角根部布线

（2）将所选的面挤出一定厚度，调整挤出的区域，让它外形趋向圆形。同时发现新挤出的部位布线不太流畅，如图 4-36 所示。

图　4-36

（3）调整局部布线。按图 4-37 所示绘制黄色部分的新结构线，然后将模型上红色位置的结构线删除，这样就得到了比较平滑的结构。

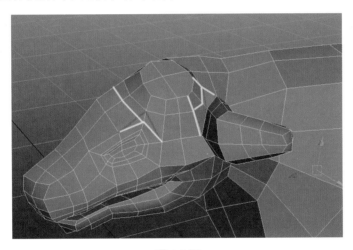

图　4-37

（4）旋转视图，从顶部观察角根部的区域，发现角部区域在模型镜像复制后会连成一片，调整布线，添加黄线、删除红线为两侧的角部生长区划出相隔的空间，如图 4-38 所示。

现在 Maya 的造型调整工作已经基本完成，稍作整理，镜像复制得到完整的模型后使用 GoZ 传输回 ZBrush。

（1）经过一轮调整，模型接缝处的顶点产生了偏移，为了不让模型在镜像后出现裂缝，进入顶视图，仔细地选中模型所有接缝处的点，使用 R 键切换缩放工具，用垂直于这些点的轴向对它们进行缩放，这样可以让所选点都处于同一条直线，如图 4-39 所示。

（2）之前为了便于讲解和观察，将另一侧的模型删除了，再次选择 Edit（编辑）→Duplicate Special（特殊复制）菜单命令，将另一侧复制出来，具体的参数设置就不重复了，如图 4-40 所示。

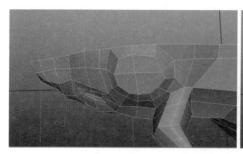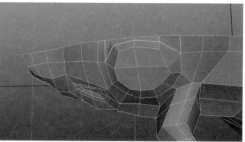

图　4-38

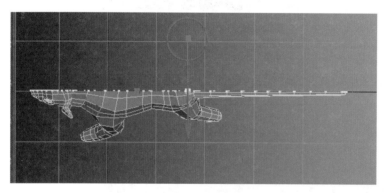

图　4-39

腹部调整 1

腹部调整 2

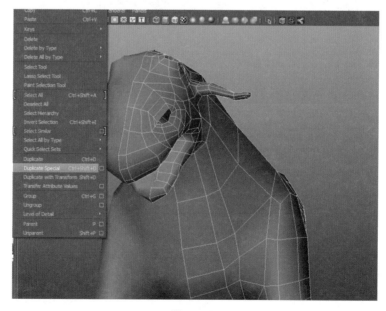

图　4-40

（3）将本体与镜像模型同时选中，选择 Mesh（网格）→Combine（合并）菜单命令，将两者合二为一变为一个模型物体，如图 4-41 所示。

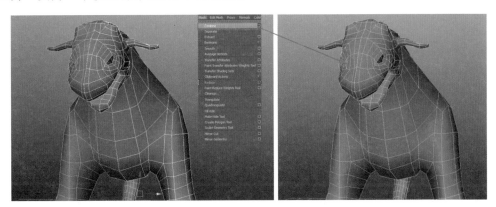

图　4-41

（4）此时模型相接处的点并没有缝合，只是重叠在一起。在模型上右击通过热盒进入 Vertex（点）级别，在前视图中框选接缝附近的点，选择 Edit Mesh（编辑网格）→Merge（合并）菜单命令，打开参数设置界面，修改其中的 Threshold（阈值）属性，给一个非常小的数值，单击 Apply（同意）按钮，所选的点距离小于阈值的就会被执行合并，如图 4-42 所示。

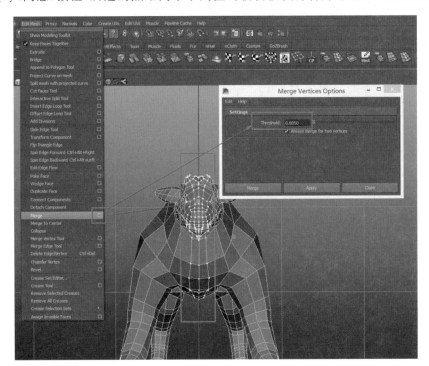

图　4-42

（5）选中模型，在工具架上的 GoZBrush 选项卡内单击 GoZ 插件图标，通过 GoZ 插件将模型传输回 ZBrush，如图 4-43 所示。

（6）模型在输入 ZBrush 后可能出现显示错误，这是之前碰到过的法线显示问题，选择

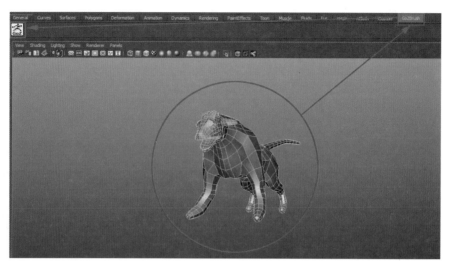

图　4-43

ZBrush 的 Tool(工具)→Display Properties(显示属性)菜单命令，激活 Double(双面显示)，得到正确显示结果，如图 4-44 所示。

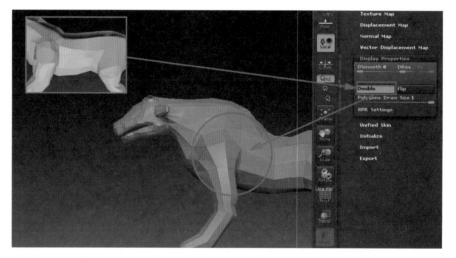

图　4-44

这个模型将被作为高模的 1 级细分，将对它执行细分和雕刻细节的操作。

建议：

在这个阶段有学生问过这样的问题：模型在多次细分并且已经雕刻了大量细节的情况下，能否返回来再次调整 1 级细分模型的造型或布线呢？答案是可以。ZBrush 的工作流程是非线性的，即使在细分雕刻后，仍然可以通过 GoZ 将低级细分模型导出，利用其他三维软件继续修改布线或造型。

当发生改变的模型再次通过 GoZ 回到 ZBrush 后，软件会弹出询问框提醒：模型的拓扑结构已经改变，是否将雕刻的高级别模型细节传递给这个修改后的模型。如果选择"是"，模型的低级细分被替换同时保留之前的细分级别和雕刻细节。但是，如果导出的模型拓扑结

构改动过大,替换完成后高模可能会出现扭曲。因此,前期的设计工作非常重要。即使软件允许,也应当尽量避免后期返工,如图 4-45 所示。

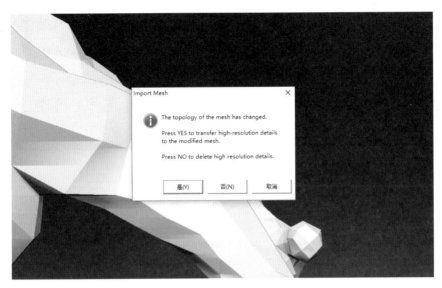

图　4-45

4.3　ZBrush 划分 Polygroups（多边形组）

在这个环节中,将为模型划分 Polygroups(多边形组)。多边形组的用途很多,它可以快捷地指定需要显示或隐藏的部分以提高雕刻效率,也可以在后面环节划分 UV 时,作为拆分UV 的依据。而且通过局部显示可以使软件计算负担更小,制作面数更加庞大的模型。下面要为身体模型进行 Polygroups(多边形组)的划分。

首先,按 Shift＋F 组合键激活多边形线框显示,也可以通过 PolyF(多边形网格结构)按键激活,这样就能通过颜色观察模型多边形组的划分情况。

在 ZBrush 的 Tool(工具)→Polygroups(多边形组)菜单命令中列出了多种划分 Polygroups(多边形组)的方法,即 Auto Groups(自动分组)、From Masking(依据遮罩分组)、From Polypaint(依据顶点着色分组)、UV Groups(依据 UV 坐标分组)等。接下来使用 GroupVisible(按可视分组)将画布中显示的部分划分为一个 Polygroups(多边形组),如图 4-46 所示。

下面以尾巴为例讲解 ZBrush中的 Polygroups(多边形组)划分。

模型分组

图　4-46

（1）按住 Shift＋Ctrl 组合键拖出绿色选框，隐藏选框之外的部分，如图 4-47 所示。

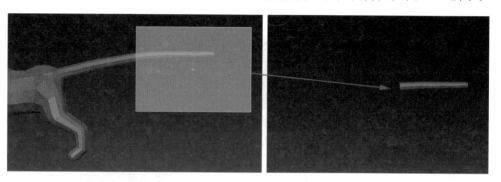

图　4-47

（2）连续使用扩展选择的组合键 Shift＋Ctrl＋X 显示出相邻面，直至整条尾巴都显示出来，如图 4-48 所示。

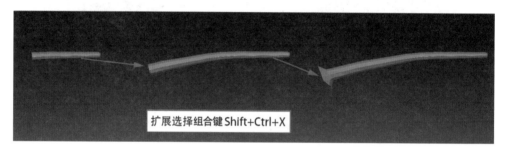

图　4-48

（3）如果扩选出多余的面，可以按住 Shift＋Ctrl＋Alt 组合键，拖曳出红色选框进行隐藏。最终得到希望成组的部分，如图 4-49 所示。

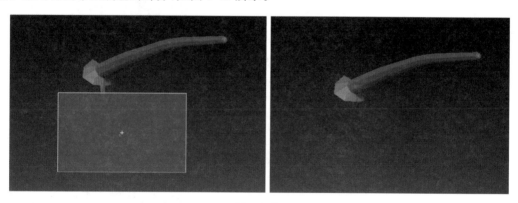

图　4-49

（4）选择 Tool（工具）→Polygroups（多边形组）→GroupVisible（将可见物体成组）菜单命令，这样就完成了尾巴部分的分组。PolyF（多边形网格结构）在激活状态下，尾巴部分会显示与之前不同的色彩，表示打组成功，如图 4-50 所示。

（5）其他部分使用相同的方法进行组的划分，最终得到图 4-51 所示的效果，由于模型是对称的，可以分别将两条前腿和两条后腿成组，以方便后期的对称雕刻。可以看到，除了将头与四肢和躯干分开外，还将怪兽的下颚部分单独划分成组。口腔内结构比较复杂，单独划为一组便于后期将口腔打开，可以更仔细地进行内部雕刻，如图 4-51 所示。

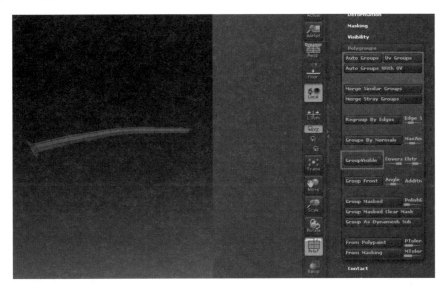

图　4-50

图　4-51

现在，模型中还欠缺不少部件。比如，怪兽头上犄角，口腔内的牙齿、舌头，后肢关节上的倒刺等，这些模型组件将在后面陆续制作。

4.4　制作眼球：为模型添加 SubTool（次级工具）组件以及 Mirror（镜像功能）的使用

SubTool（次级工具）的概念在 ZBrush 中非常重要，它有些类似 Photoshop 中的图层模式，把模型拆分成多个组件安置在不同的组件层中。

这样的设计有很多优点。首先，能方便地显示和隐藏物体，对复杂结构的模型更容易编辑与管理；其次，通过对每个组件的细致刻画可以得到含有更多细节的场景。

在这个环节中将学习如何为项目添加更多的 SubTool(次级工具)组件，一般来说组件的来源有两种，即 ZBrush 自带和其他三维软件输入。在后面的制作中两种方法都会用到。

先来看看如何添加 ZBrush 自带的组件工具，展开 Tool(工具)→SubTool(次级工具)菜单命令，会发现已经包含很多层，除了身体模型的层以外，其他层都处于灰色待激活状态，如图 4-52 所示。

仔细观察 SubTool(次级工具)的图层，会看到模型图标的右侧还有一排小图标，前 3 个是模型合并的 3 种布尔运算方式，即合集、差集、交集。第四个图标是笔的造型，它能决定该层内的模型是否显示 Polypaint(顶点着色)。第五个图标是眼睛的形状，可以控制当前层内组件是否可见，如图 4-53 所示。

对 SubTool(次级工具)层有所了解后，开始添加怪兽的眼球组件。

(1) 选择 Tool(工具)→SubTool(次级工具)菜单命令，单击 Insert(插入)按钮。展开插入工具素材的面板，然后选择 Sphere3D(三维球体)，早期版本中也叫 PolySphere(多边形球体)，用它来当作怪兽的眼球，如图 4-54 所示。

图 4-52

添加眼球

图 4-53

(2) 工具组件面板里面显示的只是常用组件，并非全部。如果在这个面板中没有找到所需的组件，只需要激活工作区左上角的 LightBox(也可以在英文输入法的状态下用键盘上的,键打开)。在 LightBox 的面板中找到 Tool(工具)菜单，在里面也可以找到 PolySphere. ZTL，如图 4-55 所示。

(3) 现在可以看到 SubTool(次级工具)的面板里面出现了两个层，即球体和怪兽模型各占一层，相应地在画布中也能同时看到这两个组件。ZBrush 一次只能对一个模型组件进行编辑，这时可以按住 Alt 键单击画布中的模型组件，即可将单击的组件激活进行编辑。或者直接在 SubTool(次级工具)菜单中单击相应的图层，也可以达到激活该层组件的目的，如图 4-56 所示。

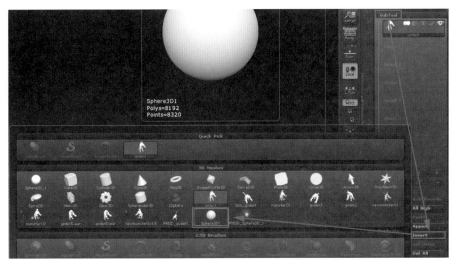

图　4-54

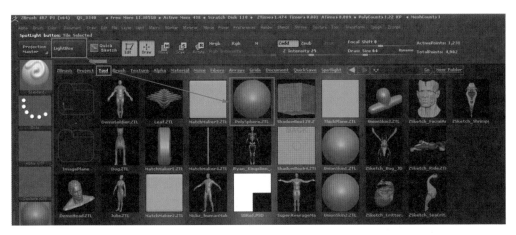

图　4-55

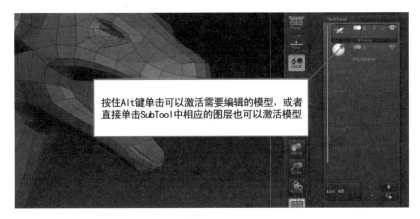

按住Alt键单击可以激活需要编辑的模型，或者
直接单击SubTool中相应的图层也可以激活模型

图　4-56

（4）激活眼球的图层，对该层的模型组件进行编辑。按 W 键切换至移动变形模式，按住左键拖曳出移动手柄。手柄的具体操作之前已经详细讲解过。中间黄色的圆圈控制移动手柄的位置，而中间白色的圆圈则控制眼球模型在场景中的位置，如图 4-57 所示。

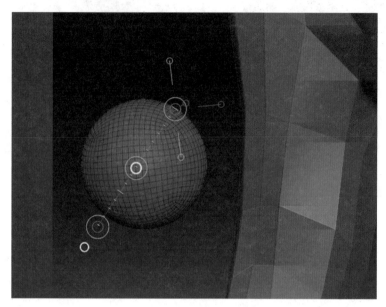

图　4-57

（5）用鼠标左键按住手柄中间圆环内的白圈，将球体拖曳至模型的眼眶处，按 E 键，将位移手柄切换为缩放手柄，将球体缩放到合适的大小，摆放进眼眶内。如果用缩放手柄操作不好控制，也可以选择 Tool（工具）→Deformation（变形）菜单命令，利用 Size（尺寸）滑条，激活其右侧的 X、Y、Z 轴，向后、向左侧拖曳滑条可以让球体等比例缩小，如图 4-58 所示。

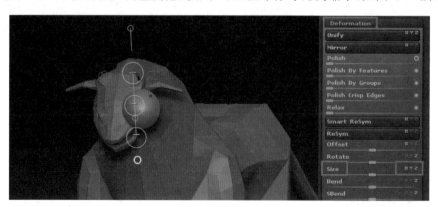

图　4-58

（6）按 Q 键回到 Draw（绘制）模式，按住 Alt 键单击激活怪兽模型，将笔刷切换为 Move（移动）笔刷，对模型的眼眶部分进行调整，让眼眶包裹眼球，如图 4-59 所示。

（7）调整好一侧的眼球后，另一侧可以镜像复制出来。按住 Alt 键单击激活眼球模型。选择 Zplugin（插件调控）→SubTool Master（次级工具大师）→Mirror（镜像复制）菜单命令，如图 4-60 所示。

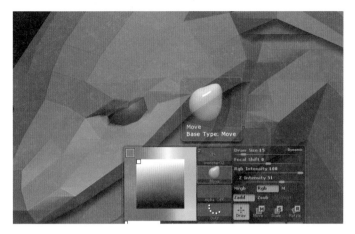

图　4-59

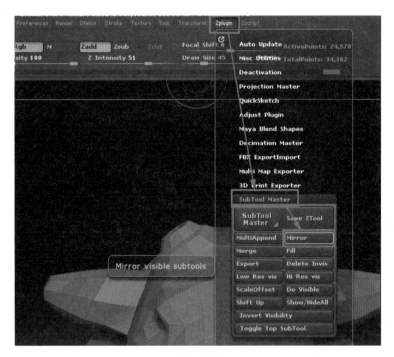

图　4-60

（8）这时会弹出 Mirror（镜像复制）命令的参数设置面板。这个面板分为上、下两部分，下面的部分可以设置按照哪个轴向进行镜像复制，默认的 X 轴即为所需的左右镜像效果，不需修改。上面的部分询问镜像后的物体与原物体在 SubTool（次级工具）菜单中合用一层，还是单独作为一个新的组件，这里勾选 Merge into one SubTool（合并为一个次级工具）复选框，单击 OK 按钮，得到对称的眼球，这对眼球会帮我们更好地调整眼眶的外形，如图 4-61 所示。

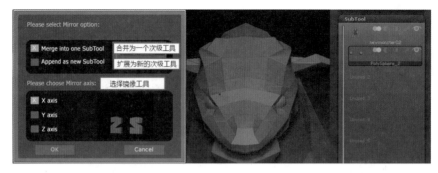

图 4-61

4.5 DynaMesh（动态网格）重新布线牙齿

接下来制作口腔内的牙齿和牙床结构，因为口腔内包含的组件比较多且形状复杂，所以需要将怪兽的嘴部完全打开，以方便添加口腔内的模型组件。

（1）按 Shift+F 组合键激活 PolyF（多边形网格结构），可以看到之前已经将怪兽的下颚部分单独分成了一组。按住 Ctrl+Shift 组合键单击下颚，可以隐藏除下颚以外的部分。按住 Ctrl 键拖曳出 Mask（遮罩）区域，将下颚部分完全包裹。按住 Ctrl+Shift 组合键在空白处单击显示出所有隐藏物体，然后按住 Ctrl 键在空白处单击，反转遮罩区域。现在除了下颚部分所有怪兽的模型都被 Mask（遮罩）保护起来，如图 4-62 所示。

打开口腔

（2）按 R 键进入旋转变形模式，拖曳出旋转手柄。从下颚根部开始向嘴尖拖曳出变形手柄，按住嘴尖手柄内的红圈，将嘴部完全打开，如图 4-63 所示。

牙齿修改

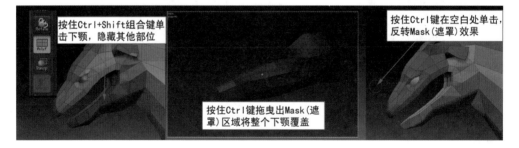

图 4-62

（3）开始制作牙齿部分，在 Tool（工具）菜单内单击当前组件的图标，展开工具组件列表，找出最接近牙齿形态的组件，这里选择 Con3D（三维圆锥），如图 4-64 所示。

（4）Con3D（三维圆锥）替换了身体模型的场景，现在来更改它的分段数及形态。先激活 PolyF（多边形网格结构），可以看到默认的圆锥分段数有些多，选择 Tool（工具）→Initialize（预设）菜单命令，在弹出 Initialize 卷展栏，从中可以调节 ZBrush 自带工具的尺寸与分段数，如图 4-65 所示。

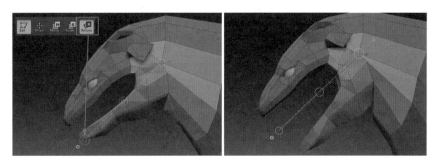

图　4-63

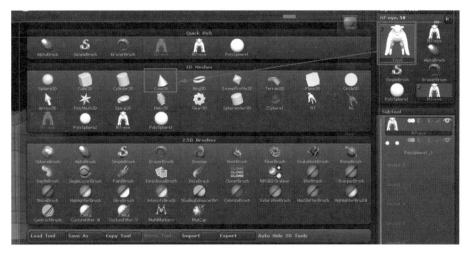

图　4-64

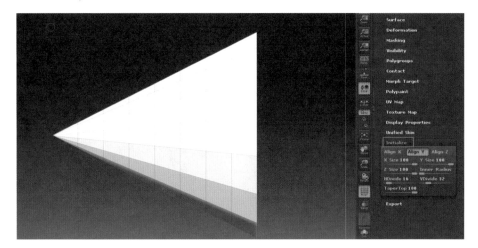

图　4-65

（5）将 X Size（X 轴尺寸）与 Y Size（Y 轴尺寸）的数值调至 50，令牙齿外形变得细长。HDivide（水平分段数）与 VDivide（垂直分段数）数值减少为 8，让模型与牙齿的形态更加接近，如图 4-66 所示。

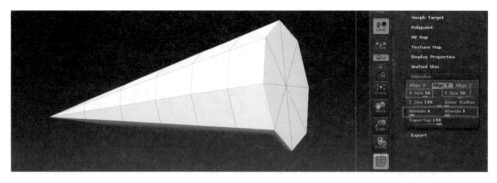

图　4-66

（6）在 Tool（工具）菜单内将当前工具组件切换至怪兽身体的场景。选择 Tool（工具）→Sub-Tool（次级工具）菜单命令，单击 Insert（插入）按钮选择牙齿组件，导入牙齿组件，如图 4-67 所示。

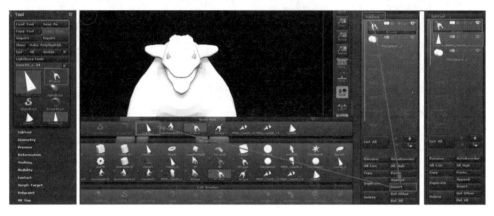

图　4-67

（7）按住 Alt 键单击激活牙齿模型。按 R 键进入缩放变形模式，拖曳出缩放手柄将牙齿组件缩放到合适大小，按 W 键使用移动手柄摆放到口腔内部，按 E 键使用旋转手柄调整牙齿的朝向。这部分的操作同眼球的位置摆放相同，故不做重复，如图 4-68 所示。

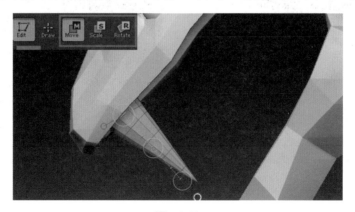

图　4-68

（8）牙齿顶端显得单薄、生硬，缺少厚实的感觉。用 ZBrush 重新更改牙齿组件的布线，选择 Tool（工具）→Geometry（几何体）菜单命令，选中 DynaMesh（动态网格）单选按钮。将其中 Resolution（分辨率）参数适当调高，单击 DynaMesh（动态网格）按钮。现在牙齿模型的布线被重新划分了，用 Move（移动）笔刷对模型的外观进行调整，尽量接近犬齿的形态。最后借助变形手柄调整好牙齿的大小及角度，放入口腔内合适的位置，如图 4-69 所示。

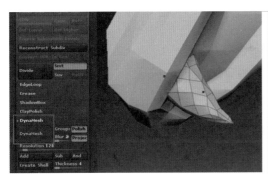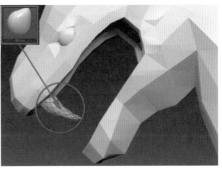

图　4-69

（9）做好第一颗牙齿之后，通过复制得到剩下的牙齿。展开 SubTool（次级工具）菜单，在激活牙齿层的状态下单击面板下方的 Duplicate（复制）按钮，即可将当前组件层复制出来。激活复制的组件，用变形手柄将复制出来的牙齿移动出来，稍加调整，如图 4-70 所示。

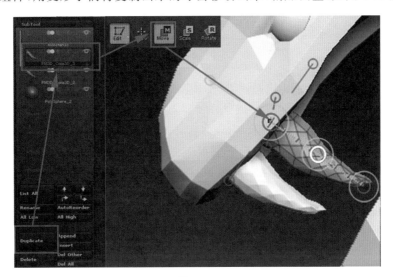

图　4-70

（10）通过搜集到的图片资料，可以看到猫科动物口腔中只有 4 颗犬齿最为突出，前端的切齿小而锐利。为了便于口部开合，4 颗犬齿的朝向会稍有不同。上部犬齿较长且向两侧倾斜，下部犬齿较短向前方倾斜。其他牙齿较小，且会沿着嘴部轮廓生长。这些都是在做模型时需要注意到的地方，如图 4-71 所示。

（11）使用变形手柄调节每颗牙的大小和位置，之后按 Q 键切回 Draw（绘制）模式，使用 Move（移动）笔刷和 Inflat（膨胀）笔刷对每颗牙齿进行修改，让它们看起来各不相同，如图 4-72 所示。

接下来，将对调整好的上颚牙齿进行合并和初步雕刻。

图　4-71

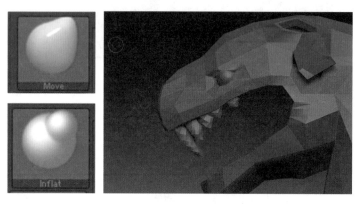

图　4-72

（1）整理 SubTool（次级工具）面板，使用移动图层工具，将需要合并的牙齿组件图层调整到一起。合并操作是一个不可逆转的操作步骤，选中处于列表最上层的牙齿组件图层，连续单击 SubTool（次级工具）面板中的 Merge（合并）→MergeDown（向下合并），让刚才排列好的牙齿组件图层依次向下合并，直至它们都被合并进一个图层，单击 Solo（单独显示）按钮，这时场景中只显示牙齿的模型。可以看到这组牙齿虽然变为一个整体，但是模型之间互相穿插，如图 4-73 所示。

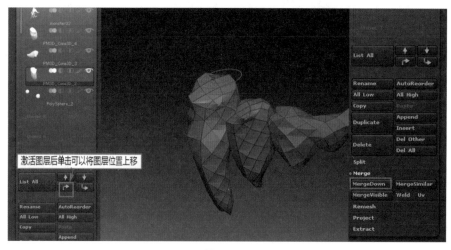

图　4-73

（2）使用 Geometry（几何体）→DynaMesh（动态网格）命令对牙齿组件进行重新布线。将 Resolution（分辨率）数值调整得稍微大些，确保重新布线后的模型尽量与之前的外形一致，如图 4-74 所示。

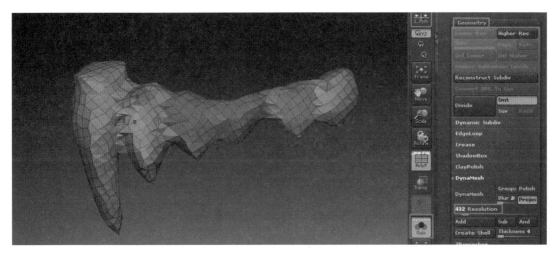

图　4-74

（3）口腔另一侧的牙齿使用镜像复制，选择 Zplugin（插件调控）→SubTool Master（次级工具大师）→Mirror（镜像复制）菜单命令。做好上侧牙齿后可以再次使用 Mirror（镜像复制），沿着 Y 轴镜像出下侧的牙齿，如图 4-75 所示。

图　4-75

（4）参考两侧大型犬齿的位置，用相同的方法修改 Con3D（三维圆锥），把正面切齿也做好，并且沿着口腔的外侧呈弧形排列摆放，上、下排的切齿分别合并成为单个组件，如图 4-76 所示。

（5）制作牙齿时要考虑动画中可能会有出现牙齿咬合的动作，要避免牙齿咬合时出现模型穿插。让画布内仅显示上下切齿组件；按 W 键使用移动变换手柄，将上、下两排切齿摆放成咬合的状态；按 Q 键切换回 Draw（绘制）模式，使用 Move（移动）笔刷对牙齿进行微调，避免出现模型相互穿插的穿帮画面，如图 4-77 所示。

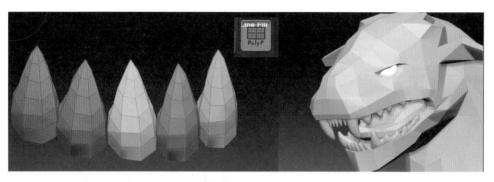

图　4-76

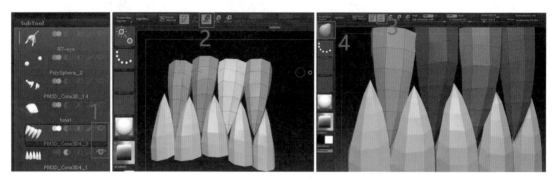

图　4-77

（6）调节侧面牙齿，将侧面牙齿的图层显示激活，把口腔内侧面的牙齿调整得犬齿交错。同时不要忘记参照搜集的资料，根据搜集到的资料图片显示，猫科动物的上颚犬齿处于外侧而下颚犬齿被包裹在内侧，如图 4-78 所示。

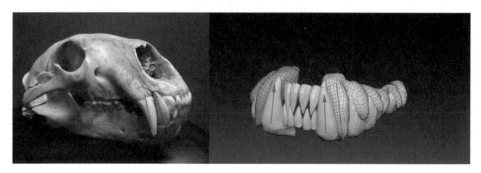

图　4-78

（7）将前面切齿的位置与大小调节完成后，使用 DynaMash（动态网格）命令将其融合成一个整体，其中的 Resolution（分辨率）的数值需要根据具体结果多次测试，如图 4-79 所示。

（8）初步雕刻牙齿与牙龈部分，先将牙齿组件细分以雕刻更多细节。按 Ctrl＋D 组合键或选择 Tool（工具）→Geometry（几何体）→Divide（细分）菜单命令，将 SDiv（细分级别）调整至 3 级。然后选择 Clay（黏土）笔刷或者 Clay Buildup（黏土增强）笔刷为牙齿增加牙龈结构，再使用 Standard（标准）笔刷刻画牙齿与牙龈的接缝处和牙齿上的纹路，如图 4-80 所示。

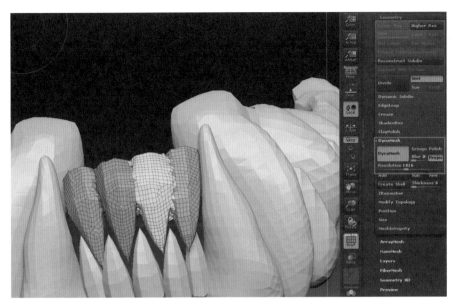

图 4-79

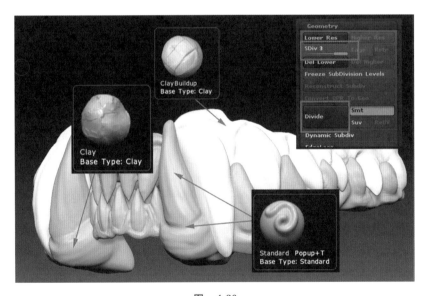

图 4-80

4.6 制作兽角低模，初识 ZRemesher（重新拓扑）工具

开始兽角部分的制作。按照最初的设计思路，怪兽的角部应该有鹿角的特征，同时又区别真实的鹿角要具有一定的装饰效果。制作这种形态复杂又不规则的物件，ZBrush 的 Z 球堆砌明显比使用传统的三维软件建模更有效率。

（1）单击 SubTool（次级工具）面板下的 Append（扩展）按钮，选择其中的 ZSphere（Z球）。把它作为新的组件加入场景，如图 4-81 所示。

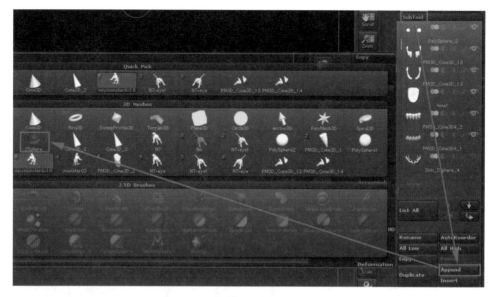

图 4-81

（2）在 Solo（单独显示）的模式下堆砌 Z 球。过程不再复述，最后得到了图 4-82 所示的树状结构。

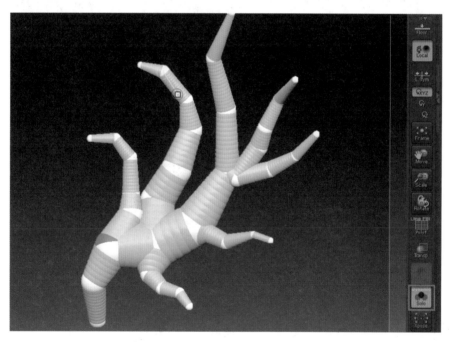

图 4-82

（3）按 A 键让模型换至多边形的状态，将场景中的身体组件也显示出来。按 E 键调出缩放手柄，对模型进行等比例缩放，也可以通过 Tool（工具）→Deformation（变形）菜单命令中的 Size（尺寸）滑条达到相同的缩放目的，匹配场景中怪兽的身体。Size（尺寸）滑条的上方有 X、Y、Z 3 个数字，代表着模型的 3 个轴向。如果 3 个轴向都激活，就是对模型进行等比

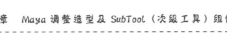

例缩放，如图 4-83 所示。

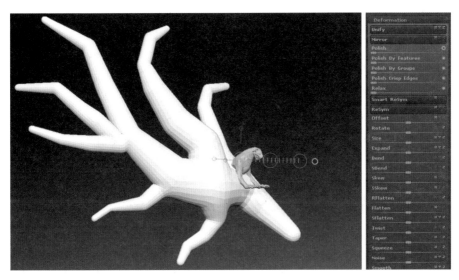

图　4-83

（4）调整好鹿角的大小后，发现分叉和弯曲处显得非常生硬，而且在每个分叉的顶端都含有大量面数，这些面并没有起到表达形体的作用，所以它们的存在并不合理。为了调整这些问题，使用 ZBrush 4R6 版本加入的 Tool（工具）→Geometry（几何体）→ZRemesher（重新拓扑）菜单命令对模型重新拓扑，也就是指在原始模型的基础上对模型进行重制，让模型的面数和布线更加合理，如图 4-84 所示。

（5）ZRemesher（重新拓扑）可以自定义拓扑模型的面数，在 ZRemesher（重新拓扑）面板内找到 Target Polygons Count（目标拓扑出的多边形数量）把滑条拉到最左侧。当前 Adapt（自适应）按钮处于激活状态，模型会在表现清楚结构的条件下尽可能减少面数。单击 ZRemesher（重新拓扑）可以看到模型的布线立刻变得均匀，并且面数由之前的 36663 面变成了 853 个面。ZRemesher（重新拓扑）功能是 ZBrush 4R6 版本的核心升级内容。它不仅可以快速智能地拓扑模型，也可以具体设置布线的流向及面数的疏密区域，这些内容在后面拓扑低模的章节中会有具体讲解，如图 4-85 所示。

（6）使用 Zplugin（插件调控）→SubTool Master（次级工具大师）→Mirror（镜像复制）菜单命令将另一侧的角部也制作出来。按 X 键打开对称操作，将角的根部用 Move（移动）笔刷拖到头顶的凸起处。大致摆放一下就可以，将来毛发组件会把头顶的部分覆盖住。这样鹿角

图　4-84

的低模就制作完毕了，如图 4-86 所示。

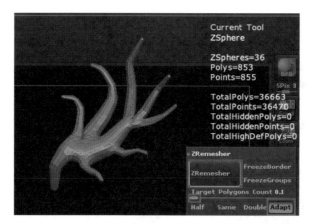

图　4-85

图　4-86

第 5 章 深入刻画模型组件

现在进入深入雕刻的环节。首先，将常用的雕刻笔刷列出来：Move（移动）笔刷常用于调整模型的外形；Standard（标准）笔刷多用于刻画细节；Clay（黏土）笔刷的笔触比较柔和，在塑造柔和的肌肉效果时非常好用；Clay Buildup（黏土积累）笔刷的笔触边界较为明显，而且能保留一定的原始结构，表现结实的肌肉结构时经常使用。按住 Shift 键会把当前笔刷切换为 Smooth（光滑）笔刷。它可以平滑模型表面，也能让笔触间的过渡更加自然，如图 5-1所示。

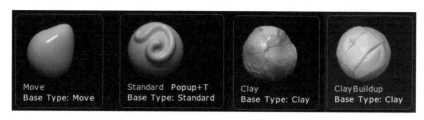

图　5-1

深入刻画的过程，考验的是对形体的把握能力。为了让角色真实可信，需要将之前搜集到的四足动物的骨骼和肌肉素材套用在模型上，并在此基础上进行合理的夸张，这是一个非常重要的创作方法。

在这个环节中，最重要的是制作者的造型能力，而不是掌握多少种笔刷。书中给出的笔刷种类，包括肌肉的划分与夸张手法，都只是一种参考并非唯一选择。读者们可以大胆发挥想象力，创造自己的作品。

5.1 划分并粗雕怪兽的肌肉群

（1）用 Move（移动）笔刷对模型的外形再次调整。将模型的背部提高并且加宽，并强化头颈之间的连接部分。现在模型的各个部分都呈现出明显的三角形结构，这样的结构让模型看起来更加结实稳定，如图 5-2 所示。

（2）这个阶段会增加大量细节，需要提高模型的细分级别。由低级别深入高级别的雕刻过程也是从整体到局部深入刻画的过程。按 Ctrl＋D 组合键或者选择 Tool（工具）→Geometry（几何体）→Divide（划分）菜单命令，先将当前的细分级别提升到 3 级，如图 5-3 所示。

（3）粗雕前需要对怪物的肌肉结构做到心中有数，找出之前搜集到的四足动物肌肉素材，再根据模型结构对肌肉进行夸张与变化。首先从前肢开始，确定大臂小臂连接处的鹰嘴

图 5-2

肌肉雕刻 1

肌肉雕刻 2

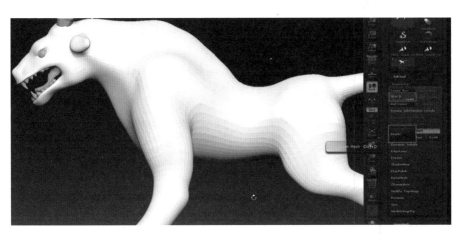

图 5-3

位置,这样就划分出了大臂与小臂的区域。接着找出肩胛骨的区域,再把位于前肢的三角肌和三头肌的大致位置确定出来,如图 5-4 所示。

(4)在脑海中对肌肉结构有大致划分后,开始动手绘制。首先选择 Standard(标准)笔刷更改其 Brush Modifier(笔刷修正)参数来划分出肌肉的区域,如果想恢复笔刷的默认设置,可以单击 Reset All Brushes(重置所有笔刷)按钮,如图 5-5 所示。

建议:

Brush Modifier(笔刷修正)的参数可以影响笔刷的绘制效果,数值越大笔刷越尖锐,数值越小笔刷越粗大,如图 5-6 所示。

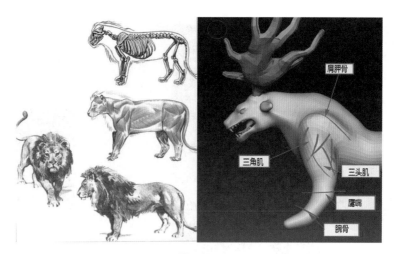

图　5-4

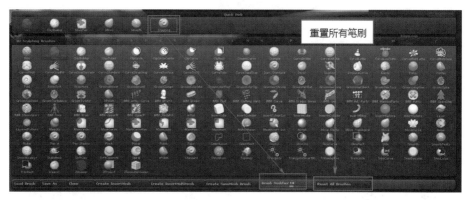

图　5-5

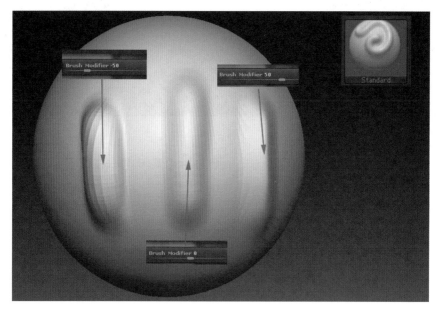

图　5-6

（5）将 Brush Modifier（笔刷修正）的数值改为 50，按住 Alt 键开始在模型前臂处绘制三头肌和三角肌。按 Alt 键可以让笔刷的作用效果反向，这样就可以用标准笔刷在模型上绘画出一条条刀劈斧砍般的沟壑，让肌肉呈现出异常坚硬的感觉。在绘制时还要注意肌肉的相互叠加关系，这样绘制出的肌肉才有层次感，如图 5-7 所示。

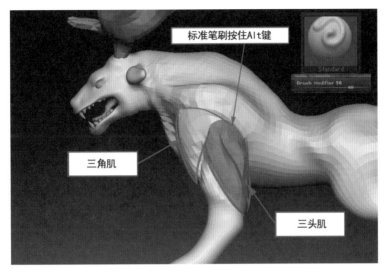

图 5-7

（6）绘制颈部肌肉，颈部有几条粗大的条形肌肉。先绘制和三角肌相连的臂头肌。一些文学作品里描写外表强壮的角色时常有这样的描写：脖子和肩背几乎连在一起。这其实就是在说臂头肌，它是连接脖子与肩膀的肌肉，越是强壮的角色臂头肌的突起越明显。把臂头肌的走势大致确定之后，捎带着就把旁边处于头部两侧延伸到胸口的胸乳突肌也绘制出来，这两条肌肉比臂头肌要细小不少，它们的加入能让模型的脖颈部位层次更加分明，如图 5-8 所示。

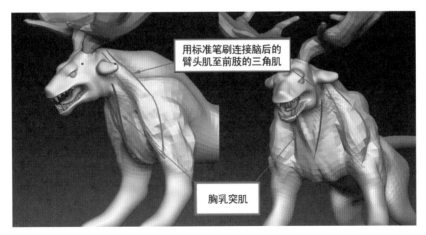

图 5-8

（7）雕刻小臂正面的 3 条伸肌。伸肌的肌肉都连接在指节和腕骨上，现实中猫科动物伸肌比较修长，需要对这组肌肉进行适当的修改与夸张，以适应怪物强壮的躯体和它坐骑的身份。在绘制时可以参考人类或猿类前臂的肌肉走势，因为灵长类的物种前肢肌肉更加完美、强壮，如图 5-9 所示。

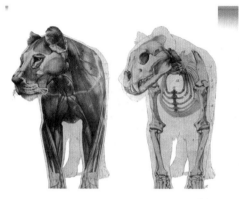

图　5-9

（8）选择 Clay（黏土）笔刷绘制侧面的肌肉群。侧面躯干上有 3 块主要肌肉，分别是脖颈部分的斜方肌、从背部延伸到胸腔的背阔肌和位于腹部的腹外斜肌。在绘制时要注意肌肉的穿插，肌肉结构层层交叠起来的。斜方肌位于背部的中上部，之前为了显示出怪物的强壮，特意将这块肌肉进行了夸张，让它高高地突起在背部。背阔肌被斜方肌压在下方，而腹外斜肌又被背阔肌压住。按这个层次使用 Clay（黏土）笔刷层层绘制，如图 5-10 所示。

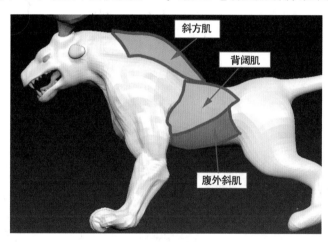

图　5-10

（9）四足生物的后腿骨骼结构比较复杂，可以对比人类的腿部结构，在第一个转折处膝盖骨被股四头肌覆盖，第二个转折处就是 4 组生物足跟所在处，足跟下都是脚部结构，这与人类足部有很大差异。再看肌肉结构，最上方是心形的臀中肌，下面盖着粗壮的股四头肌，在两者之间压着薄薄的阔筋膜张肌，大腿后方则是股二头肌，如图 5-11 所示。

（10）再来雕刻大腿内侧的肌肉结构，这部分包括围绕尾巴的臀部肌肉、处于大腿内侧的半膜肌和一根强健的半腱肌。用 Standard（标准笔刷）配合 Alt 键将这几部分划分开，然后用 Clay（黏土）笔刷将肌肉刻画出来，如图 5-12 所示。

至此，模型身体上的肌肉走势大致划分出来了，接下来的环节将深入局部的雕刻。

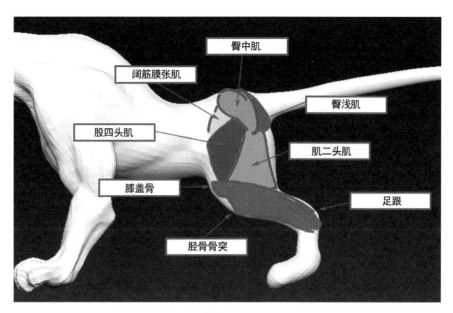

图   5-11

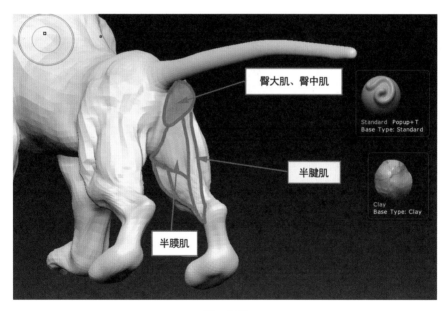

图   5-12

5.2 头部细节的刻画

用大尺寸的 Move（移动）笔刷调整怪物的脸型，用 Standard（标准）笔刷配合 Alt 键，掏出耳朵的结构。检查结构没有太大问题后将模型的细分级别提升至 4 级，以增加更多的细节，如图 5-13 所示。

进行细节刻画时，常使用 Standard（标准）笔刷、Clay（黏土）笔刷、ClayBuildup（黏土增

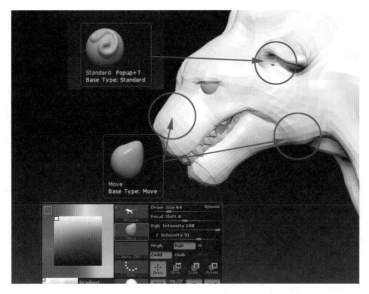

图　5-13

强）笔刷、Move Topological（移动拓扑）笔刷、Inflat（膨胀）笔刷、Pinch（收缩）笔刷和 Flatten（变平）笔刷，如图 5-14 所示。

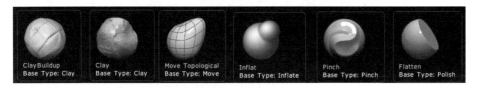

图　5-14

　　这里列出的大部分笔刷在粗雕阶段已经使用过，现在只介绍新加入的笔刷。Pinch（收缩）笔刷可以使用在转折或结构比较明显的地方，如鼻翼；也可以用在结构比较单薄的区域，如耳郭。Inflat（膨胀）笔刷用在需要局部放大的部位。Flatten（变平）笔刷能将已有的结构全部抹平成平面，如用在眼皮的转折面上。

　　下面调整眼部形状，眼睛是五官中非常重要的器官，角色的内心活动可以直接通过眼睛进行表达。先找到猫科动物的素材图片进行参考和分析，通过观察发现猫科动物的上眼皮比较平直，连接内外眼角的上眼皮很少有弧度而且外眼角一般不会像人类眼睛那样有下垂的趋势。正是这种眼睛的外形使猫科动物的眼神总是显得非常精神，并且流露出一种强大的气势，如图 5-15 所示。

　　在进行细节调整刻画时可以搭配 Ctrl 键绘制 Mask（遮罩）对模型局部进行保护，以雕刻出层次更加丰富的效果。比如绘制眉弓时，可以先将眼皮部分用 Mask（遮罩）保护起来。再使用 ClayBuildup（黏土增强）笔刷叠加出眉弓的结构，这样做可以让模型看起来层次感更强，如图 5-16 所示。

　　当模型进入 4 级细分时，就可以表现出相对丰富的细节了。这个阶段的刻画从之前的大开大阖转向了精雕细琢。更多时候是小尺寸笔刷配合小强度的笔触在模型上反复涂抹，如图 5-17 所示。

通过观察发现猫科动物的内外眼角基本处于一条直线，且外眼角多数时候处于上提状态

图 5-15

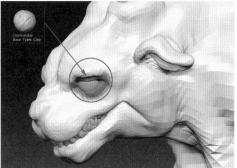

图 5-16

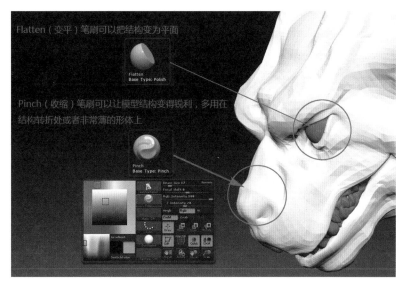

Flatten（变平）笔刷可以把结构变为平面

Pinch（收缩）笔刷可以让模型结构变得锐利，多用在结构转折处或者非常薄的形体上

图 5-17

Move Topological（移动拓扑）笔刷相对普通的 Move（移动）笔刷在调整模型时能做到更加精准。对包含多边形组的模型使用时，它仅对笔刷中心所处的多边形组产生影响，可以更加精细地调整造型。比如之前将模型嘴部划分成了上颚组与下颚组，使用 Move Topological（移动拓扑）笔刷对下颚组进行调整时就不会影响上颚的模型，如图 5-18 所示。

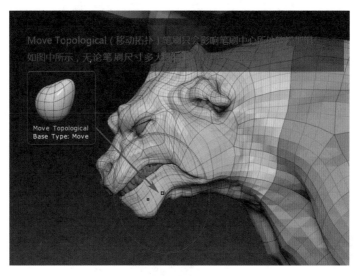

图　5-18

5.3　"羊毛出在羊身上"：Extract（提取）制作毛发模型

身体的肌肉结构绘制完成后，进入毛发组件制作的环节。在这个环节中将使用提取身体表面的方式生成毛发模型。

（1）按住 Ctrl 键，将笔刷切换至 Mask（遮罩）的模式在模型上涂抹出毛发覆盖的部位。小心地把耳朵部分与头上生角的部分空出来，如果在绘制遮罩时候涂抹区域过大，可按住 Ctrl＋Alt 组合键使笔刷进入减少遮罩的模式对遮罩进行修正，如图 5-19 所示。

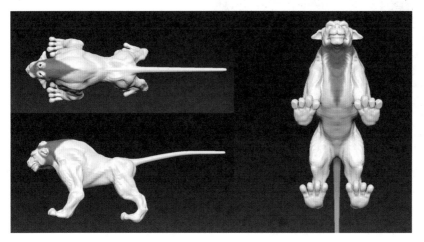

图　5-19　　　　　　　　　　　　　　　　　　毛发制作

（2）选择 Tool（工具）→SubTool（次级工具）→Extract（提取）菜单命令，它的作用是可以将 Mask 覆盖的区域提取出来生成一个新的模型组件，如图 5-20 所示。

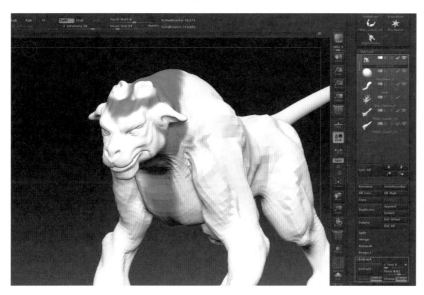

图　5-20

（3）单击 Extract（提取）子菜单中的 Extract（提取）按钮，就可以直接将面从模型上提取出来，Thick（厚度）的滑条能控制提取出的模型厚度，如图 5-21 所示。多数情况下会直接通过笔刷工具或者变形手柄对模型的厚度进行调整。

图　5-21

（4）单击 Extract（提取）按钮，显示出模型的提取状态，这时在画布区域做任何操作都会取消提取状态。这是因为当前只是模型提取的预览。如果想保留提取出来的面片，需要单击 Extract（提取）按钮下方的 Accept（同意）按钮。这样提取出的模型就作为一个新的组件，存放在 SubTool（次级工具）卷展栏中，如图 5-22 所示。

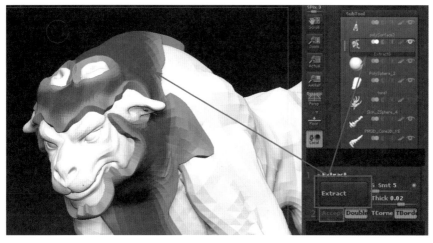

图　5-22

5.4 调整毛发造型、删除隐藏面以及细致刻画

对刚提取出来的毛发模型进行细化。

（1）激活毛发模型，按 X 键开启笔刷的左右对称，此时毛发模型上的遮罩区域依然存在，按住 Ctrl 键在画布空白处框选，取消模型身上的遮罩就可以对毛发部分的模型进行雕刻了。按住 Shift 键，让笔刷进入 Smooth（光滑）笔刷的状态，在毛发模型的转折处涂抹。让毛发看起来与身体模型结合得更加自然，毛发模型看上去也更加柔软，如图 5-23 所示。

图　5-23

（2）为了节省系统资源，将毛发模型内侧的面进行删除。在 ZBrush 中删除面比较困难。首先激活毛发组件层，让当前层单独显示出来，然后按 Shift＋F 组合键或者单击画布右侧的 PolyF（多边形网格结构）按钮显示出模型上划分的多边形组。可以看到毛发模型已经按照外侧、内侧和衔接部分被自动划分出了多个组，如图 5-24 所示。

（3）按 Ctrl＋Shift 组合键，切换到隐藏模式，对毛发模型内侧的多边形组进行单击，会将此模型组以外的部分全部隐藏。保持 Ctrl＋Shift 组合键按住的状态不变，鼠标位置不动地再次单击相同位置，变成了相反的结果，当前多边形组被隐藏而模型其他部分显示出来，在这个状态下继续单击模型内侧的其他多边形组，直到所有内侧的面都被隐藏为止，如图 5-25 所示。

（4）选择 Tool（工具）→Geometry（几何体）→Modify Topology（修正拓扑结构）菜单命令，单击 Del Hidden（删除隐藏）按钮，被隐藏的多边形组被全部删除，如图 5-26 所示。

（5）显示出毛发与身体的模型，使用 SnakeHook（蛇钩）笔刷对毛发模型进行造型。SnakeHook（蛇钩）笔刷可以在三维模型的表面拖曳出角状或触须状的形体，但它需要大量面数的支撑才能保证拖曳出的形体光滑，现在用它来将毛发较为明显的起伏表现出来，同时尽量让这些起伏分出层次，如图 5-27 所示。

（6）使用 Extract（提取）命令，把前肢与尾尖的毛发模型制作出来，具体操作与头部毛发制作相同。在皮肤与毛发相接的部位，毛发会沿着肌肉和骨骼的结构走势生长。可以看到，毛发生长端都是起于肌肉衔接处，这样做不但符合毛发的自然生长规律，而且还能进一步强

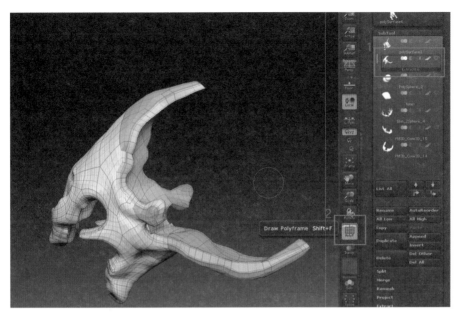

图 5-24

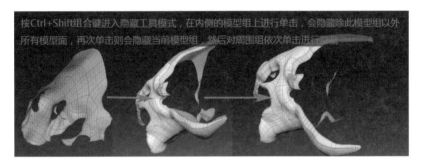

图 5-25

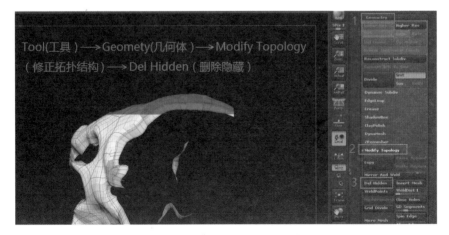

图 5-26

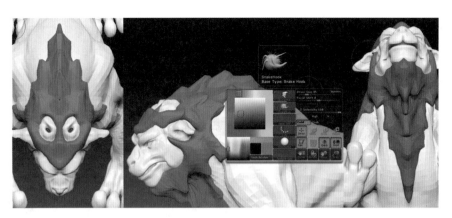

图　5-27

化肌肉轮廓。SnakeHook(蛇钩)笔刷在调整毛发这类柔软质感的模型时，比 Move(移动)笔刷更加灵活易用。在当前阶段尽量先将毛发划分成几个大组，看起来既有层次又不凌乱，如图 5-28 所示。

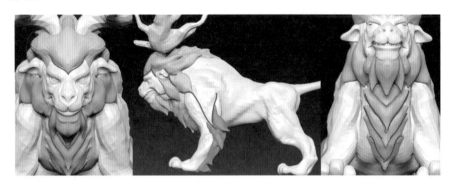

图　5-28

（7）使用 Standard(标准)笔刷，将笔刷面板下方的 Brush Modifier(笔刷调节)参数增大至 45，在模型上反复涂抹收缩出锐利的线条，用它强化出毛发的结构，如图 5-29 所示。

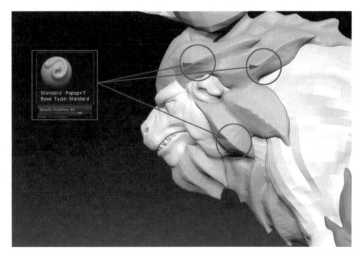

图　5-29

（8）进一步细化毛发模型，按 Ctrl＋D 组合键将毛发组件层细分到 4 级，让模型有足够数量的面支撑接下来进行的精雕，在笔刷列表中选择 Dam_Standard 笔刷，它是 Standard（标准）笔刷的变体。Dam_Standard 笔刷通过改变普通标准笔刷的 Alpha（笔触）、Stroke（笔划）和 Brush Modifier（笔刷调节）等数值，可以画出非常纤细、锐利的线条，由它来绘制毛发模型的细节，如图 5-30 所示。

图 5-30

（9）Dam_Standard 笔刷尺寸不宜过小，尽量让发根从与皮肤相接处的部位生长出来，让发丝沿着头发的走势走。怪兽有长而浓密的毛发，在绘制毛发时一定要注意：绘制长线条时多运动小臂而短线条则灵活运用手腕，尽量让绘出的线条连贯流畅。在绘制时注意控制用笔的力量，用笔力量的强弱能影响 Dam_Standard 笔刷绘制线条的深浅。笔力在发根处强一些，发梢处弱一些，如图 5-31 所示。

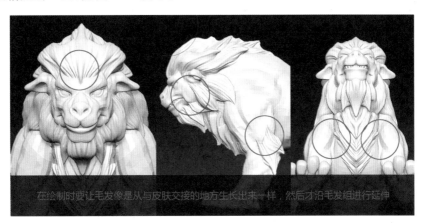

图 5-31

添加完毛发模型的细节后，开始深入雕刻身体的模型，将模型细分级别继续提升至 5 级。先由头部开始添加细节。之前身体已经分成了若干个多边形组，按住 Ctrl＋Shift 组合键单击头部，将头部以外的模型组全部隐藏，以便对头部进行细节的刻画，如图 5-32 所示。

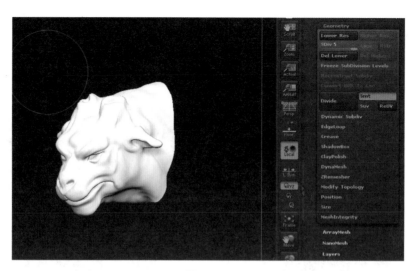

图　5-32

在 SubTool(次级工具)组件层中把毛发组件也显示出来,这样在雕刻到毛发遮挡的部位时就可以一带而过。在造型过程中使用最多的笔刷是 Clay(黏土)笔刷和 ClayBuildup(黏土增强)笔刷。ClayBuildup(黏土增强)笔刷笔触的边界非常明显,用来雕刻肌肉会让结构显得非常结实。肌肉雕刻结束之后用 Smooth(光滑)笔刷轻轻擦拭,让笔触可以互相融合。局部的细节刻画使用 Dam_Standard 笔刷,如图 5-33 所示。

图　5-33

刻画形体时要想着表皮下面的骨骼结构、肌肉组织,这样雕刻出来的细节才能令人信服。比如,怪兽角色有锋利的牙齿和强壮的咬肌,这些特点都会在模型的表皮上显露出来。所以在绘制嘴部时脑海中一定要想着其内部牙齿的走势,4 颗巨大的犬齿必须有强壮的牙床和骨骼来固定,这些结构都会影响嘴部皮肤的外在表现。所以当真正了解了所要雕刻的对象后,细节自然而然地就会浮现出来,雕刻工作也能不断深入下去,如图 5-34 所示。

图　5-34

身体肌肉的雕刻依据之前划分的肌肉群进行,使用 ClayBuildup(黏土增强)笔刷增加肌肉的体量,使用 Dam_Standard 笔刷强化肌肉间的缝隙结构。具体步骤就不细说了,主要注意肌肉之间的穿插、叠加关系。

我们的制作对象是一头专门用来骑乘的野兽,需要强化、夸张四肢的肌肉。前面说过,现实中四足动物腿部多是长条状肌肉,看起来非常灵活但是力量感不足,所以在雕刻腿部肌肉时参照了人类腿部肌肉的特点。这部分在制作技术上没有难点,雕刻得好坏主要取决于个人的造型能力和对结构的理解,如图 5-35 所示。

图 　 5-35

5.5 兽角的造型设计与细节雕刻

开始雕刻兽角部分,将角部的模型组件显示出来。

(1)在开始设计时希望它的角部有一定的装饰性,现在需要让这种感觉更加具象化。按 Ctrl＋D 组合键提升角部的细分级别至 4 级,让模型有足够的面数添加细节。在雕刻中融入了中国传统的火焰纹式,使用 SnakeHook(蛇钩)笔刷将这种纤细、动感的效果绘制出来。在使用 SnakeHook(蛇钩)笔刷时一定要有足够的面数支撑;否则拖曳出来的部分很可能发生扭曲和面片的穿插,如图 5-36 所示。

图 　 5-36

(2)在各个角度观察并调整角部分叉,使用 Move(移动)笔刷和 SnakeHook(蛇钩)笔刷调整角部在各个朝向的造型以及分叉的穿插关系。旋转视图观察模型,对 SnakeHook(蛇钩)笔刷拖曳出来不够饱满的部位可以使用小尺寸的 Magnify(扩大)笔刷修正,Magnify(扩大)笔刷可以让模型沿着自身法线方向膨胀,如图 5-37 所示。

(3)继续深入,绘制兽角的表面纹理效果。鹿角的结构与树干非常相似,每个分叉都是从角根部位生长出来，所以在绘制表面纹理时也想借用树皮的纹理效果，后期尝试赋予它植物般的颜色贴图。雕刻纹理时要注意兽纹理由根部开始向上延伸，沿着枝干结构生长，最后到达每个分叉的顶端，纹理的连贯性非常强。使用 ClayBuildup（黏土增强）笔刷有意保留笔触的硬边，模拟出树皮粗糙的感觉，如图 5-38 所示。

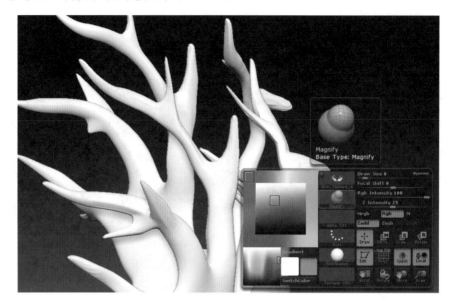

图　5-37

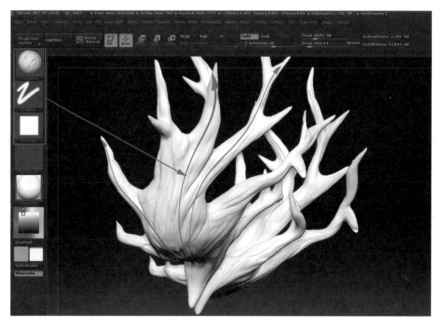

图　5-38

第6章　装备的设计与制作

骑具是坐骑身上骑乘用的装备。有了它，角色的坐骑身份会更加明确。虽然现实中很少能见到这些装备，但是在影视作品和很多游戏中可以看到样式繁多的骑具设计，为我们提供了大量素材。

一般来说，这些骑乘装备都是由外形较为规整的皮革、金属组成。制作这类模型 Maya 的多边形建模要更加方便。

6.1 装备设计与身体、毛发组件的导出

对 ZBrush 的画布区域截图，将截图在 Photoshop 中打开。在截图上新建图层进行骑具的设计，多绘制几套装备草稿，挑选出一个合适的设计，如图 6-1 所示。

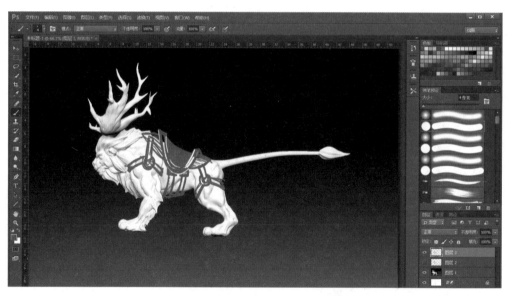

图 6-1

继续细化设计，把装备的样式、材质、各部分如何衔接、穿插等所有细节都考虑到。此时考虑得越充分，在后面制作时就越容易，如图 6-2 所示。

将怪物的身体与毛发模型通过 GoZ 导入 Maya，作为制作装备的参照物。在前面的章节曾经使用 GoZ 导出过单个模型组件，现在来学习如何把多个组件同时导出。通过控制 SubTool（次级工具）面板中各个组件层的显示，让 ZBrush 的画布中显示出要导出的身体与毛发的模型组件，如图 6-3 所示。

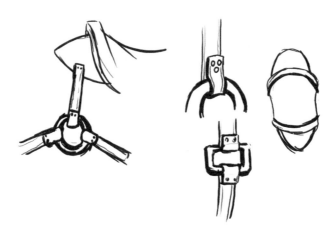

图　6-2

图　6-3

设置好后单击 Tool(工具)菜单中 GoZ 右侧的 Visible(可见)按钮,会将画布中所见到的模型组件自动降至最低的细分状态,通过 GoZ 导入 Maya,如图 6-4 所示。

图　6-4

用 Maya 创建装备的低模

（1）在 Maya 中将所有导入的模型选中，将它们添加至通道栏内的 Display（显示）层，图层模式切换为 R 可渲染但无法被操作。现在导入的模型被作为制作装备的参照物，同时又不必担心它们被误操作，如图 6-5 所示。

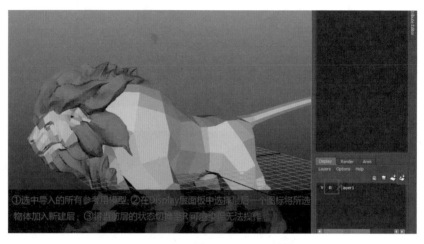

图　6-5

（2）制作背上覆盖的皮革模型。首先，创建一个多边形面片，调整位置和角度与模型的肩部贴合，在面片上右击调出热盒，进入 Edge（边）级别。选中侧面的一条边使用 Polygon（多边形）模块下 Edit Mesh（编辑网格）→Extrude（挤压）菜单命令，挤压出新的面并沿身体轮廓调整角度。按 G 键可以重复此步操作，连续挤压出多个面并调整外形，如图 6-6 所示。

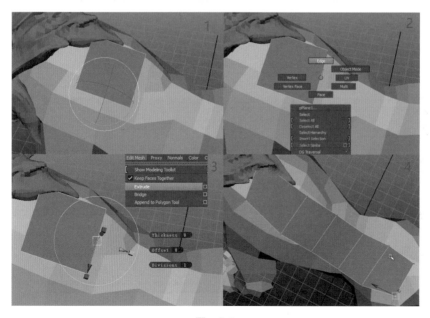

图　6-6

骑具简模制作

Maya 创建装备简模

（3）选择 Edit Mesh（编辑网格）→Insert Edge Loop Tool（插入循环边）菜单命令，为面片增加分段数便于增加模型细节，如图 6-7 所示。

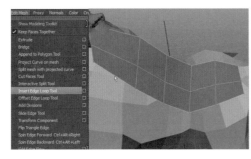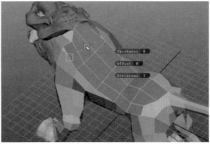

图　6-7

（4）选择 Edit Mesh（编辑网格）→Interactive Split Tool（交互画线工具）菜单命令，在红线位置为面片增加一圈环形边；选择 Edit Mesh（编辑网格）→Delete Edge/Vertex（删除边/点工具）菜单命令，将黄线标注的部分删除。右击调出热盒进入模型的 Vertex（点）级别，调节皮革护垫的外形，如图 6-8 所示。

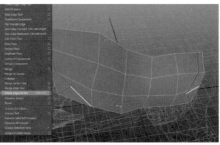

图　6-8

（5）开始制作马鞍。在刚制作好的皮革护垫上选择面，选择 Edit Mesh（编辑网格）→Duplicate Face（复制面）菜单命令，将所选择的部分提取出来作为马鞍，如图 6-9 所示。

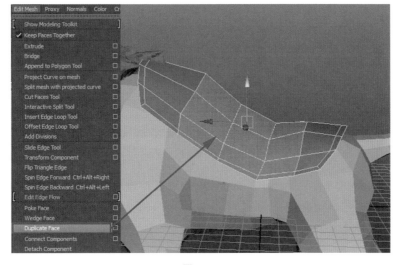

图　6-9

（6）进入 Vertex（点）级别，调整复制面的外形。选择 Edit Mesh（编辑网格）→ Interactive Split Tool（交互画线工具）菜单命令绕轮廓加一圈线，作为马鞍外圈的金属轮廓，如图 6-10 所示。

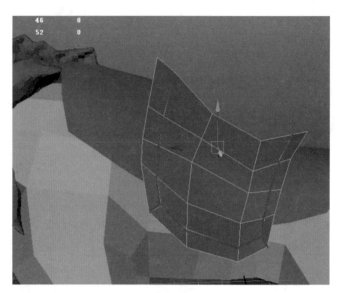

图　6-10

（7）右击调出热盒进入模型的 Vertex（点）级别，选中模型最内侧的点，按 R 键使用缩放工具，沿着垂直于这排点的轴向单轴向缩放，让这些点互相对齐，如图 6-11 所示。

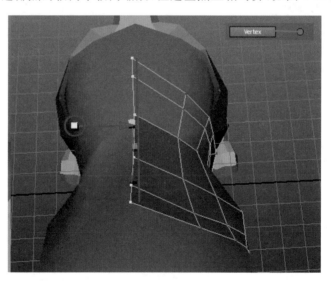

图　6-11

（8）选择 Mesh（网格）→Mirror Geometry（镜像几何结构）菜单命令得到完整的马鞍结构，Mirror Geometry（镜像几何结构）与 Duplicate Special（特殊复制）相比更加简便。它的功能单一，只能做镜像复制，但镜像出来的模型会自动合并，省去了合并相接点的步骤，如图 6-12 所示。

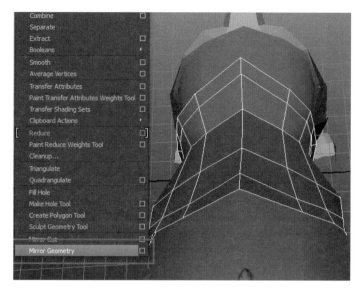

图　6-12

（9）在马鞍上右击调出热盒，进入 Face（面）级别，选中马鞍上刚才绘制好的外轮廓。使用 Extrude（挤压）工具将马鞍的金属轮廓部分向外挤压出来，如图 6-13 所示。

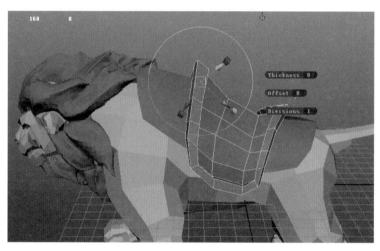

图　6-13

（10）选择 Edit Mesh（编辑网格）→Insert Edge Loop Tool（插入循环边）菜单命令沿着马鞍的转折"压线"。"压线"是多边形建模中经常使用的技巧，在一个物体完成建模后会在其各个边界处或转折明显的地方添加相近的平行边，这个操作就叫作"压线"。模型在光滑后这些"压线"的部位依然能够让转折明显，而且能体现出一种厚重的感觉，如图 6-14 所示。

下面开始制作围绕在四肢上起固定作用的绑带。四肢的绑带可以通过沿路径挤压面获得，也可以在模型的腿部选择一圈面复制出来调整成绑带的样子，这里选择第一种方法沿路径挤压制作。

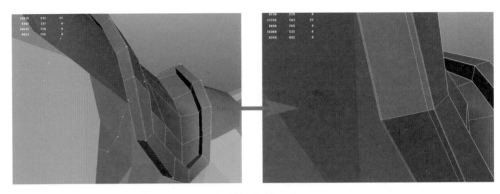

图　6-14

（1）先把衔接绑带用的铁环制作出来，直接拖曳出一个多边形圆环，放置在前肢合适的位置。在制作绑带时也能提供位置参考。接着创建一个多边形的盒子，绑带就要由这个盒子挤压而成，如图6-15所示。

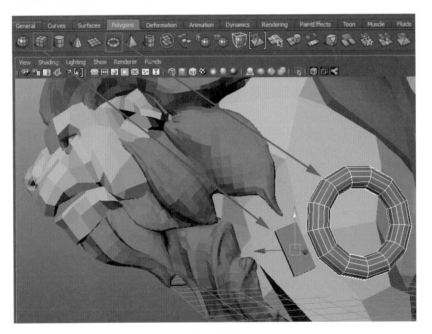

图　6-15

绑带制作

（2）用曲线工具创建路径，曲线在创建时会自动吸附场景中的参考网格。选中身体模型，单击工具架上方的"磁铁"图标，身体随即替代地面上的网格线，成为新的参考网格。此时的模型布线呈现出暗绿色，在这种状态下模型无法选中和修改，再次单击"磁铁"图标会取消参考网格效果，如图6-16所示。

（3）使用Curves（曲线）选项卡里面的EP曲线工具，环绕前肢绘制路径。让路径的起点位于多边形盒子的挤出面一侧。绘制完成后，在曲线上右击调出热盒，进入Control Vertex（控制点）模式，调整曲线造型与起始端，将曲线的起始端放到需挤压面的正中，如图6-17所示。

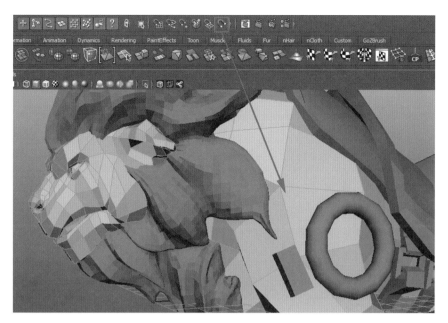

图　6-16

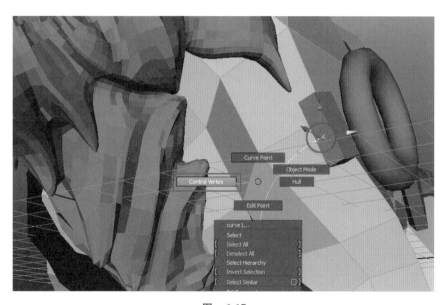

图　6-17

（4）选择多边形方块进入它的 Face（面）级别，选择需要挤压的面，按 Shift 键加选曲线。单击 Edit Mesh（编辑网格）→Extrude（挤压）菜单命令后面的 Option（选项）方块按钮□，打开参数设置面板，如图 6-18 所示。

（5）从 Extrude（挤压）命令的参数面板内找到 Divisions（分段数），这里输入的 13，也就是沿路径挤压 13 次。Divisions（分段数）的数值越大挤压出的模型越平滑，同时面数也会相应增加，如图 6-19 所示。

（6）调整挤压出来的绑带模型，避免与腿部模型产生穿插。皮带与铁环的衔接方式

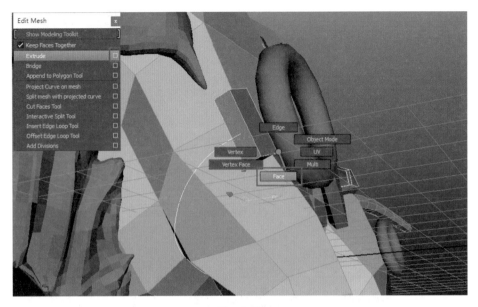

图 6-18

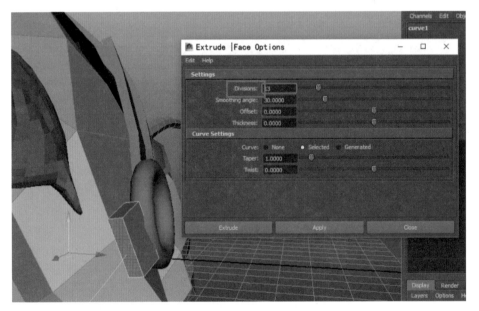

图 6-19

一定要合理。这部分和腹部绑带的具体制作过程已经录制在视频中。前后肢的绑腿带结构基本一致，做好前肢绑带复制一份，放置在相同一侧的后肢处稍作调节即可，如图 6-20所示。

（7）另一侧的绑带模型通过镜像获得。把腿部和腹部的绑带、铁环全部选中，选择Mesh（网格）→Combine（联合）菜单命令，将这些选中的模型变成一个多边形物体，如图 6-21所示。

（8）选中合并后的模型，在 Edit（编辑）菜单内找到 Duplicate Special（特殊复制）命令。

图 6-20

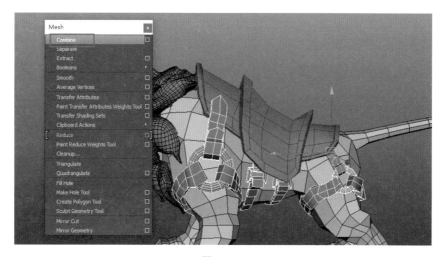

图 6-21

单击它后面的 Option(选项)方块按钮□,展开 Duplicate Special Options(特殊复制选项)参数面板,将 Scale(缩放)信息后面第一栏设置为－1。这代表着当前复制沿着 X 轴的负方向进行等比例复制,简单地说,就是沿着 X 轴向做了一次镜像,如图 6-22 所示。

(9) 选中原始模型和复制出来的模型,在 Mesh(网格)菜单中选择 Separate(分离)命令执行。将刚才通过 Combine(联合)命令整合在一起的模型分开,如图 6-23 所示。

(10) 将视图转到怪物的腹部,对腹部的绑带进行连接。选择左、右两侧的绑带执行 Combine(联合)命令后进入点级别,将需要衔接的点选中后单击 Edit Mesh(编辑网格)→ Merge(合并)菜单命令。合并后的模型在相接处存在重叠面,按数字键 4 进入网格显示模式,在模型上右击进入 Face(面)级别,把重叠面选中删除。如果不易选择可以框选后再通过减选去除不需要的面,如图 6-24 所示。

(11) 最后使用 Insert Edge Loop Tool(插入循环边)工具对模型进行整体"压线"操作,"压线"效果对 ZBrush 中的细分也有效,如图 6-25 所示。

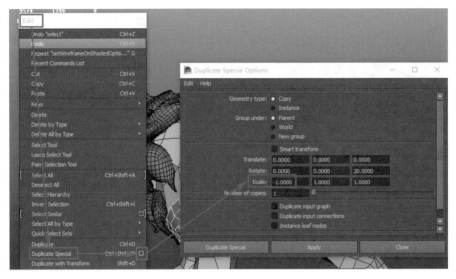

图　6-22

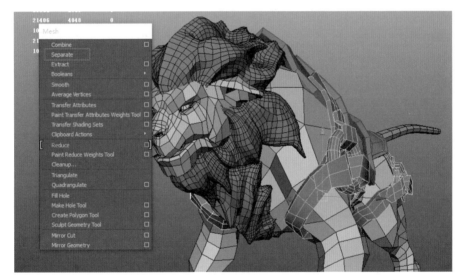

图　6-23

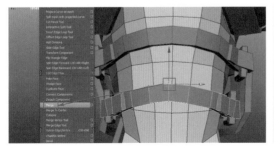

图　6-24

图　6-25

6.3　MultiAppend（多种扩展）导入组件及 SubTool（次级工具）的拆分与整合

现在骑具的低模已经制作完毕，需要将所有骑具模型全部导入 ZBrush 进行精雕。这步操作可以直接使用 GoZ 来完成，也可以把模型先输出为 .OBJ 格式作为备份，再借助 ZBrush 的插件 SubTool Master(次级工具大师)→MultiAppend(多种扩展)导入。

（1）把要导出的模型全部选中，在 Maya 的 File(文件)菜单下选择 Export Selection(导出所选物体)命令，在弹出的面板中选择 .OBJ 格式进行导出。所有的组件都被保存在一个 .OBJ 文档内，如图 6-26 所示。

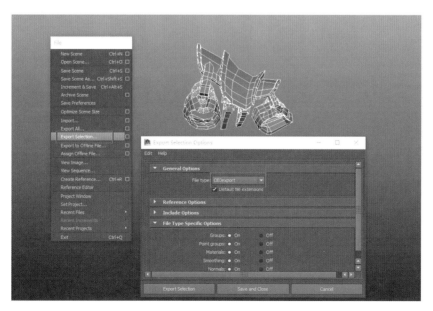

图　6-26

（2）进入 ZBrush，打开之前制作的怪兽身体的场景，选择 Zplugin（Z 插件）→SubTool Master（次级工具大师）→MultiAppend（多种扩展）菜单命令，如图 6-27 所示。

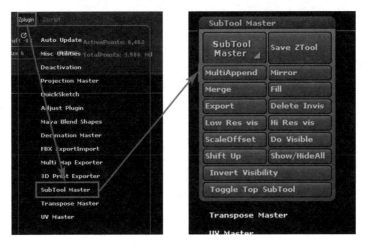

图 6-27

（3）从弹出的窗口可以看到 MultiAppend（多种扩展）能直接将.ZTL（Z 工具）、.OBJ 格式文件和.ma 格式的 Maya 文档直接导入，并且支持多选。可将多个组件同时导入，非常方便，如图 6-28 所示。

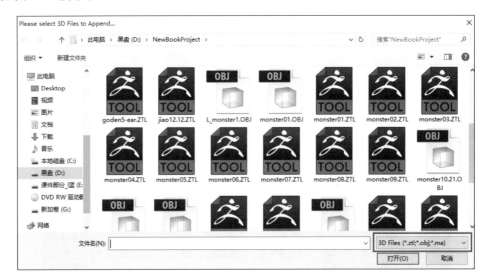

图 6-28

打开之前保存的.OBJ 文件。现在整套骑具已经被导入并且与场景中的身体进行了匹配。如果模型导入后显示有错误，可以选择 Tool（工具）→Display Properties（显示属性）→Double（双面显示）菜单命令来解决问题。

（4）现在整套骑具作为一个 SubTool（次级工具）组件存在，但是当显示其线框结构（按 Shift＋F 组合键）后，发现它已经依据自身包含的组件自动划分为多边形组了，如图 6-29 所示。

图　6-29

（5）依据划分好的多边形组，将装备组件分离成多个 SubTool（次级工具）组件，以方便雕刻。选择 Tool（工具）→SubTool（次级工具）→Split（分离）→Groups Split（按组分离物体）菜单命令，将骑具分割成多个 SubTool（次级工具）组件层，这步操作是无法逆转的，也就是说，无法通过后撤命令返回之前整合的状态，如图 6-30 所示。

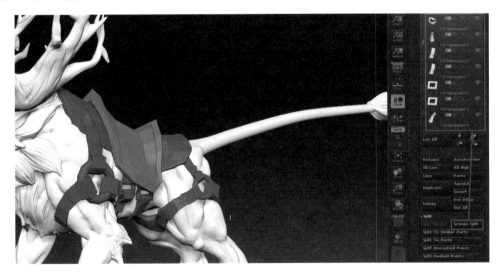

图　6-30

（6）执行了 Split（分离）的组件又过于细碎，不便于雕刻和管理。将这些组件再次进行归纳合并。首先使用 SubTool（次级工具）内的移动层工具把需要整合的层移动到一起，然后选中其中位于最上方的组件层，使用面板内 Merge（合并）→MergeDown（向下合并）进行组件层的整合，如图 6-31 所示。

（7）将左、右镜像的组件整合在一层。马鞍的部分因为包含两种材质，即皮质的坐垫与金属的边沿，所以手动将马鞍分成两个多边形组。这样无论划分 UV 还是绘制贴图时，都能方便一些，如图 6-32 所示。

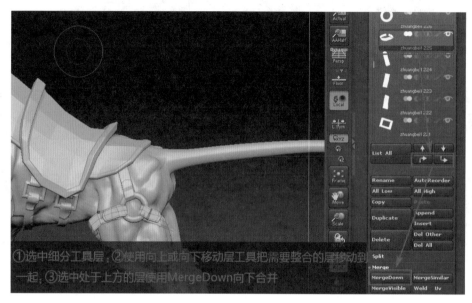

图 6-31

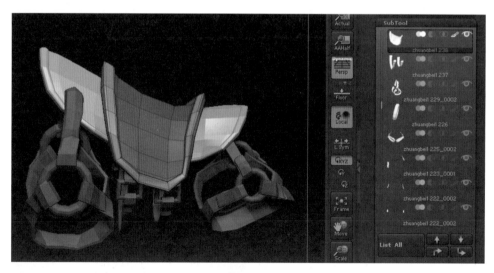

图 6-32

6.4 装备的精雕

用小尺寸的 Move（移动）笔刷调整装备与身体产生的穿插错误，之后就进入装备的精雕环节。精雕的过程其实是让物品变得不完美的过程，在原本光洁无瑕的模型表面上添加纹理，雕刻出日常使用造成的磨损和破损等效果，让物品看起来更加真实。

装备的雕刻不同于身体，它们造型、结构要相对简单，在画面中也不属于观察的主体，可以先将模型的细分级别提到一个比较高的数值，直接进入细节雕刻环节。

以精雕背上的皮革护垫为例。单独显示皮革护垫的模型组件，按 Ctrl＋D 组合键直接提升它的细分级别至 5 级。如果此时画笔镜像的效果正在开启，可以通过按 X 键关闭镜像效果。因为要表现的是磨损的效果，一般物品不会出现两侧完全相同的磨损情况，如图 6-33 所示。

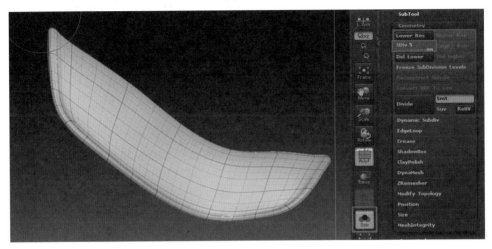

图　6-33

雕刻破损效果环节使用了 3 个笔刷，即 TrimDynamic（动态修剪）笔刷、sPolish（磨光）笔刷以及 Dam_Standard 笔刷，如图 6-34 所示。

图　6-34

绑带绘制

用 TrimDynamic（动态修剪）笔刷对皮革的边界处进行了涂抹，作用是让锐利的边界出现磨平的效果。在前面章节雕刻身体模型时，也用过其他可以产生抹平效果的笔刷，它们在抹平的同时，附近的区域会受到影响产生形变，用在生物体上看起来会非常自然。TrimDynamic（动态修剪）笔刷是直接将突起处剪掉造成平面，并不会对周围的区域产生任何影响，用在这里正好可以表现磨损的皮革。

使用 Dam_Standard 笔刷，用它尖锐的笔触表现皮革边缘的开裂，然后用 sPolish（磨光）笔刷绘制裂口处，让断裂的位置看起来更加生硬，如图 6-35 所示。

很多人在学习 ZBrush 时会对众多笔刷的选择感到头疼。其实，什么情况使用什么样的笔刷并没有一个标准答案，关键在于能否把想法完全表现出来。包括本书实例中使用的笔刷也只是给读者一个参考，并不是唯一的选择。

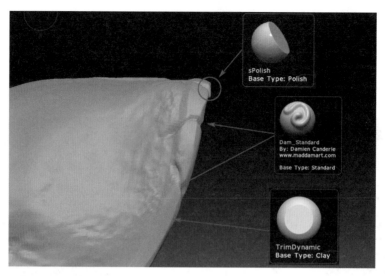

图　6-35

6.5　利用 Layers（层）叠加更加丰富的纹理效果

　　皮革除了日常使用时留下的种种破损裂纹外，自身也带有毛孔与纹理。ZBrush 支持多层笔刷效果的叠加，这有些类似 Photoshop 内的图层，通过多层笔刷效果的叠加可以得到异常丰富的雕刻细节。调节其中一层的笔刷效果并不会对其他层纹理产生影响。现在来看看这个好用的功能是如何实现的。

　　选择 Tool（工具）→Layers（层）菜单命令，展开面板来了解一下面板中的主要功能。单击新建层图标，可以新建一个笔刷层。每一层都由名称、滑条、REC（录制）按钮和当前层是否显示按钮组成。REC（录制）能记录笔刷的动作，滑条则可以调节当前层内笔刷效果的强弱。关闭层的 REC（录制），笔刷就无法在此层上继续绘制，如图 6-36 所示。

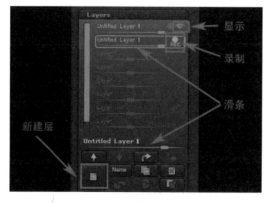

图　6-36

绘制图层的使用

　　（1）新建一层，让图层的模式显示为 REC（录制），现在来为马鞍模型叠加一层皮革纹理。选择 Standard（标准）笔刷，在笔划部分切换为 DragRect（拖动矩形），激活笔触样式，单击 Import(导入)按钮,选择一张皮革纹理素材导入,如图 6-37 所示。

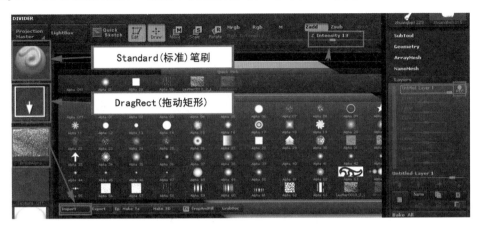

图 6-37

(2) 用笔时按住左键拖曳,落笔点是纹理生成的中心点。模型的面数会直接影响拖曳出的纹理效果,模型的细分级别越高,拖出的 Alpha 纹理就越精细,如果当前细分级别产生的纹理精度无法满足要求,可以将皮革模型的细分级别提高至 6 级甚至 7 级。适当降低 Z Intensity(笔刷强度)拖曳出自然的纹理效果。为了得到丰富的效果,可以添加 2～3 个 Layers(层)赋予不同的纹理效果,中间区域会有马鞍覆盖,所以把纹理集中在皮革的两侧即可,如图 6-38 所示。

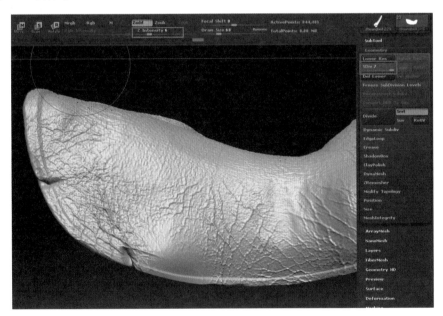

图 6-38

下面再为腿部的皮带增加细腻的皮革纹理。实例中使用了 FormSoft(膨胀)笔刷绘制了皮带边界处的硬边凸起,用 Dam_Standard 笔刷刻画了皮带上的裂痕以及皮带侧面的贴合部分,再用 TrimDynamic(动态剪切)笔刷把皮带两端处进行了抹平处理以备后期放置固定用的铆钉。最后在笔触样式中导入合适的纹理图片，用 DragRect（拖动矩形）拖曳到皮革表面完成皮带的雕刻。雕刻时最重要的是造型能力和对生活的观察，具体刻画步骤在视频内会有展示，如图 6-39 所示。

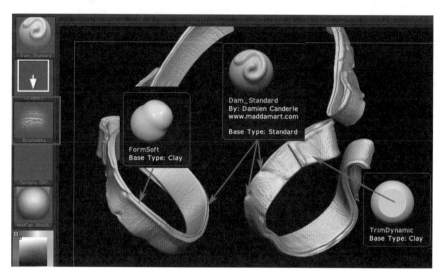

图　6-39

最后对怪物的身体大致覆盖一层纹理，让它看起来更有质感。

可以使用 Standard（标准）笔刷进行绘制。把笔划设置为 Spray（喷射），Alpha 选择列表内自带的 Alpha 25 即可，将 Z Intensity（笔刷强度）降到 10 左右。在为身体增加纹理时用笔要轻，按肌肉的走势慢慢涂抹，脸部着重表现而身体一带而过。这一步完成后模型的精雕就完成了 90％ 左右，剩下的雕刻工作要等到映射细节到低模后再完成，如图 6-40 所示。

图　6-40

第 7 章　模型减面优化与拓扑低模

本章将学习模型的优化与拓扑方面的知识。在学习这部分内容时经常有学生问这两个问题：为什么要拓扑低模？什么样的模型能称为低模？

先来回答第一个问题，模型制作到现在这个阶段，已经进入了 6 级甚至更高层次的细分，整个项目的总面数早已超过上千万面，这样的模型只能用来做静帧。如果制作动画就必须使用面数相对少的低模，通过法线贴图或置换贴图等方式展现出高模的细节。在拓扑低模的过程中，可以重新调整低模的布线流向，而且低模还有承载 UV 坐标信息的任务，让高模烘焙出的法线贴图可以准确对应 UV 坐标。直白地说，之前精雕的模型只是为低模服务，最终展现在动画视频中的只有低模。

再来看看第二个问题，并不是面数很少的模型才能被称为低模，低模是一个相对概念。举例来说，动画模型的面数可能比游戏模型多很多，但与影视模型相比它面数又少很多。但这 3 种模型相对于 ZBrush 中含有丰富细节的那个高细分模型来说都算是低模。所以低模只是一个相对概念，它的最低要求是能概括出模型主要轮廓，而它的面数多少是根据其用途来定的。

在了解了前两个问题后，又会出现第三个问题：能不能用模型的 1 级细分状态作为它的低模呢？这就要看高级细分和低级细分模型间有没有太大的差异。一般来说，模型一旦细分并且雕刻了细节，外形就会产生变化，其次还要看 1 级细分模型的布线是否适合制作动画项目。

举例来说，身体部分必须要重新拓扑。因为经过逐级细分和深入雕刻，身体的轮廓已经与它的一级细分有了比较大的差异。低细分模型很多部位的布线无法概括出高模的外形，而且局部布线的流向也需要重新调整，如图 7-1 所示。

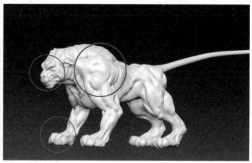

图 7-1

对于装备模型来说就不需要拓扑低模，它们的 1 级细分模型是在 Maya 中完成的。布线相对规整，也较为合理。而且高模与低模的外形差别不是特别大。这种情况下它们的

2 级细分甚至 1 级细分状态是可以直接作为低模使用的,如图 7-2 所示。

图　7-2

7.1　使用 Decimation Master(抽取大师)精简模型

拓扑前先用 Decimation Master(抽取大师)对模型进行减面优化操作,以减轻 ZRemesher(重新拓扑)工具的计算压力。

在早期的 ZBrush 版本中,Decimation Master(抽取大师)有着更加重要的作用,那时 ZBrush 烘焙法线贴图并不方便,质量也不高。很多人会选择将高模输出到其他软件中完成法线贴图的制作。但是 ZBrush 的高模面数实在过于庞大,光导入模型这个操作就可能引起软件崩溃,Decimation Master(抽取大师)就是为了应对这种情况诞生的,它能在保留雕刻细节的基础上对模型进行高质量的减面优化,而且还支持遮罩保护局部细节。

现在,ZBrush 自身就能方便、高效地输出高质量的法线贴图,但 Decimation Master(抽取大师)依然有重要的作用。通过它的优化,ZBrush 能够应付更加庞大、复杂的场景,也可以通过精简场景提升整体制作效率。

以身体模型为例,使用 Decimation Master(抽取大师)进行减面优化。

(1) 在画布中只显示出怪兽身体的模型组件。选择 Zplugin(插件调控)→Decimation Master(抽取大师)→Pre-process Current(预处理当前模型)菜单命令,让软件对模型进行分析,可以看到减面之前模型的面数高达 789 万面,单击 Pre-process Current(预处理当前模型)按钮,等待几分钟计算完毕,如图 7-3 所示。

建议:

这里需要注意,Decimation Master(抽取大师)的稳定性并不好,可能会出现单击完 Pre-process Current(预处理当前模型)按钮后软件一直没有响应的情况,这时需要把当前场景保存好,重新启动系统和 ZBrush 问题就会解决。

(2) 预算完成后,拖动下方的 % of decimation(抽取质量)滑条。数值越小精简的面数就越多,默认是 20,先调整至 7 测试一下,单击下方的 Decimation Current(抽取当前模型)按钮完成减面操作,现在发现面数已经减少到了 100 万面,数量只有原来的 1/8,但看到模型细节并没有太大损失,这种情况下可以继续降低抽取质量,如图 7-4 所示。

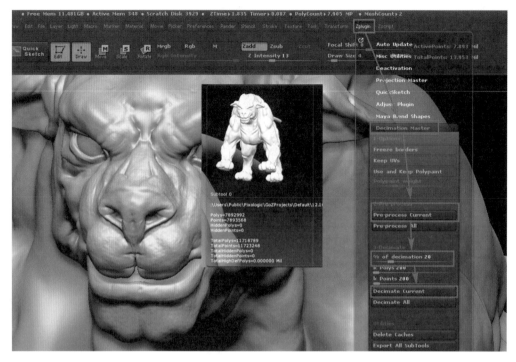

图 7-3

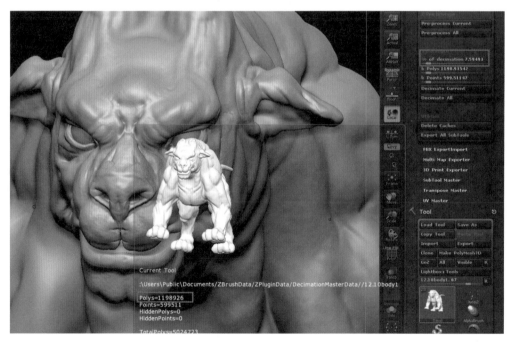

图 7-4

（3）继续降低％of decimation（抽取质量），反复测试后在不降低表面细节的条件下，最终得到面数不到80万面的高模，这个数值只剩下最初的1/10，如图7-5所示。

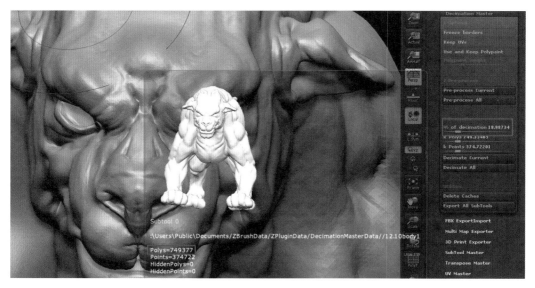

图　7-5

7.2　方便且强大的 ZRemesher（重新拓扑）工具

模型精简后就可以进行拓扑低模的操作了。在以前，拓扑低模是一个非常考量制作者对模型布线掌控能力的步骤。幸运的是，从 ZBrush 4R6 版本开始，加入了 ZRemesher（重新拓扑）工具，它是 QRemesher（智能重建网格）工具的升级版。在本书前面制作兽角的章节，已经展示过 ZRemesher（重新拓扑）基本功能，现在将对它进行详细讲解。

ZRemesher（重新拓扑）使拓扑工作大幅度简化，并且充满了趣味性。由于它拓扑的低模质量之高，还推动了逆向建模的普及。逆向建模是指在 ZBrush 中制作高模，再用 ZRemesher（重新拓扑）工具自动拓扑出布线合理的低模。逆向建模可以让制作者将主要精力放在雕刻高模上，对布线或者手动拓扑方面的经验欠缺的读者来说，ZRemesher（重新拓扑）绝对算得上是一款神器。

现在来看一下 ZRemesher（重新拓扑）的工具面板，首先解释一下面板内比较重要的数值。

（1）面板内的 ZRemesher（重新拓扑）按钮就是拓扑操作的执行按钮。Target Polygons Count（目标拓扑出的多边形数量）滑条，可以比较精确地控制拓扑模型的面数。它的数字单位是"千"，滑条的最小值是 0.1，也就是拓扑出的模型最少要有 100 个面，如图 7-6 所示。

（2）4 个并排的按钮，即 Half（一半）、Same（相同）、Double（双倍）、Adapt（自适应），代表拓扑出的低模同原始模型的面数比。一般使用默认的 Adapt（自适应），由软件按照模型的外形自动计算出最合适的面数。与 Adapt（自适应）相匹配的是它下面的滑条 AdaptiveSize（自适应的匹配度）。滑条数值越大，拓扑出的多边形越贴合外形。一般来说，它的默认值已经足够，不需要进行额外设置，如图 7-7 所示。

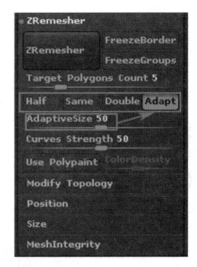

图 7-6 图 7-7

（3）Curves Strength（导引线强度）。它对于动画模型的拓扑有非常重要的意义。自动拓扑在默认状态下会根据模型的外形自动划分布线，但它无法根据运动需要或沿着肌肉结构的走势调整布线流向。有了 Curves Strength（导引线强度）命令，就能借助ZRemesherGuides（重拓扑导引线）笔刷手动在模型上画出布线流向的路径。Curves Strength（导引线强度）的数值越大，拓扑出的结构线流向就越匹配 ZRemesherGuides（重拓扑导引线）笔刷绘制出的路径，如图 7-8 所示。

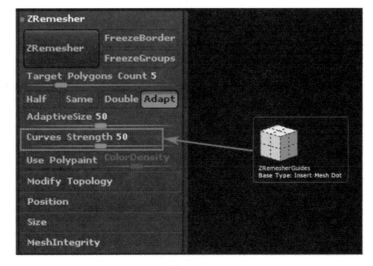

图 7-8

（4）Use Polypaint（使用顶点着色）。它能以涂抹的方式在模型上划分出面数的密集区和宽松区。使用时要先将这个命令激活，然后把工作区上方笔刷设置参数中的 Zadd 关闭，同时确保 RGB 按钮处于激活状态。这样笔刷就不会改变模型的形体，只会对模型表面进行上色。红色代表需要多分配面数的区域，而蓝色则表示需要减少面数的区域，如图 7-9所示。

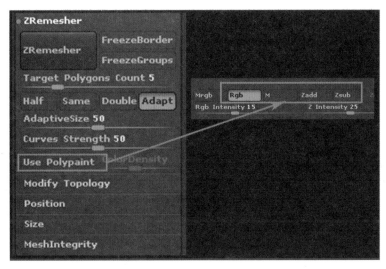

图 7-9

建议：

使用 ZRemesher(重新拓扑)后，高模会直接被拓扑出的低模替代，而后期还有很多环节需要高模和低模进行配合，所以必须先把高模组件复制一份，然后对复制的高模进行拓扑操作。

以身体为例，学习如何使用 ZRemesher(重新拓扑)工具。

(1) 首先，必须把高模组件复制一份出来。在 SubTool(次级工具)菜单内激活身体组件层，单击面板下方的 Duplicate(复制)按钮(或按 Ctrl＋Shift＋D 组合键)，复制出一个新组件层，就由它拓扑出身体模型的低模，如图 7-10 所示。

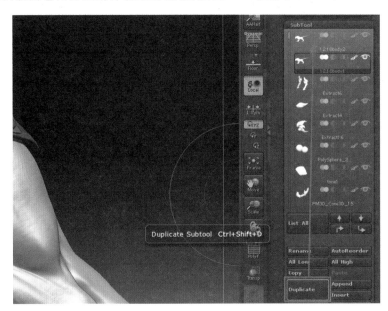

图 7-10

身体拓扑

（2）因为身体模型是左右对称的，按 X 键激活笔刷对称，选择 ZRemesherGuides（重拓扑网格）笔刷，在模型结构比较复杂的部分或者做动画时会剧烈运动的部位绘制引导线，引导线的作用可以影响拓扑出来的布线流向。比如眼皮和眼眶的部分可以绘制环线，四周也可以画几条引导线进入眼眶内部。嘴部主要把口腔内部的边缘厚度标记出来，外面则绘制口轮匝肌的外形。四肢可以在关节附近简单地标识一下环线的角度，毕竟模型是为动画服务的，关节处布线平滑还是很重要的，如图 7-11 所示。

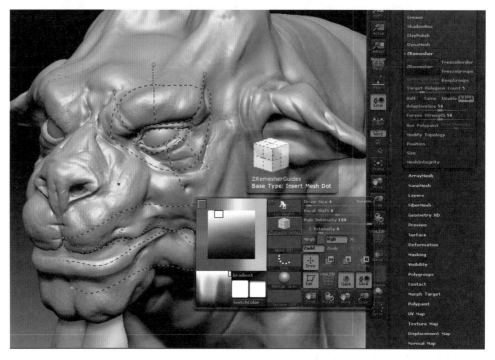

图　7-11

（3）绘制好导引线后，选择 Tool（工具）→ZRemesher（重新拓扑）→Use Polypaint（使用顶点着色）菜单命令，选择 Standard（标准笔刷），将画布上方的 Zadd（加法）关闭，打开 RGB（着色），在色彩面板上分别拾取红、蓝两色为模型进行涂抹。

红色区域为面数集中区域，一般绘制在结构复杂的地方，如眼睛、嘴巴附近。蓝色则是面数稀少的区域放在结构较为简单的地方，ZRemesher（重新拓扑）菜单内的 Adapt（自适应）按钮默认是激活的，那些没有分配色彩的区域将由软件根据结构的难易程度自行分配面数，如图 7-12 所示。

（4）拖动 ZRemesher（重新拓扑）内的 Target Polygons Count（目标几何体数量）滑条，经过反复测试将滑条的数值设置为 0.35，单击 ZRemesher（重新拓扑）按钮，场景中的 800 万面的高模被 3000 余面低模替代。再按 Shift＋F（显示多边形网格）组合键，观察低模的布线是否符合动画制作要求，如图 7-13 所示。

（5）对当前模型进行检查，发现大部分区域拓扑效果都不错，尤其是眼部因为之前引导线画得比较细致，让四周的结构线都呈现出放射状。但还是有部分区域的布线产生了少许问题，不过借助 GoZ 可以把它导入 Maya 轻松修正过来，如图 7-14 所示。

图　7-12

图　7-13

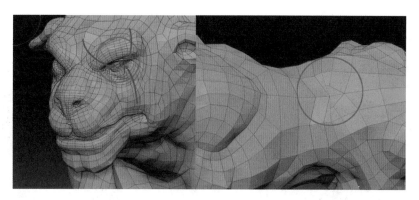

图 7-14

之前曾经说过，SubTool(次级工具)层内的组件不是都需要重新拓扑。在 Maya 内制作的道具基础模型比如马鞍、绑带等物品，它们的高级细分与低级细分之间的差别并不大，可以直接使用 1 级细分或者 2 级细分状态作为它们的低模。但是如毛发、牙齿、鹿角等物品在雕刻时大幅度改变了初始形态，原始模型已经不足以概括高模的大致结构，这样的模型组件必须要重新拓扑出更加合适低模。

模型的毛发来自 3 个 SubTool(次级工具)层，分别是头部、前肢及尾部。为了节省时间，可以将这 3 个 SubTool(次级工具)层先进行合并，再统一为它们进行 ZRemesher(重新拓扑)。用 SubTool(次级工具)层移动工具将要合并的几层移动到一起，然后选择 SubTool(细分层级)→Merge(合并)→MergeDown(向下合并)菜单命令，如图 7-15 所示。

图 7-15

对合并出来的毛发层使用 Duplicate(复制)，复制一份出来。参考之前的拓扑步骤对毛发复制层执行 ZRemesher(重新拓扑)操作。

现在的 SubTool(次级工具)面板中包含的组件层已经非常多了，层列表内的系统命名混乱不堪，有可能在传输过程中会因为重名等原因造成模型的丢失，而且组件太多也不利于查找。选择 SubTool(次级工具)→Rename(重命名)菜单命令为每个层更改名称，重命名只能支持英文输入法,如图 7-16 所示。

图 7-16

最终得到一组低模,这也是将来会应用到动画内的模型,至此低模拓扑工作全部结束,如图 7-17 所示。

图 7-17

第 8 章　使用 UV Master（UV 大师）指定模型 UV 坐标

本章学习如何为低模指定 UV 坐标。UV 坐标是模型表面信息的平面化坐标，当纹理被赋予模型后，纹理就与该模型建立了对应的联系，它们之间的对应关系就是通过 UV 平面坐标作为中介建立的。指定坐标的过程就像展开了模型表面的"画皮"，所以指定 UV 坐标也称为"展 UV"。

在本章中会介绍两种展 UV 的流程：一种是完全使用 UV Master（UV 大师）展开 UV 坐标，重点在于讲解 UV Master（UV 大师）的各项功能及使用方法；另一种需要使用 Maya 配合 UV Master（UV 大师）展开 UV 坐标，这种方式更加精准、高效。

8.1　UV Master（UV 大师）面板介绍及使用方法

在 ZBrush 里的 Zplugin（插件调控）菜单内找到 UV Master（UV 大师），它的特点是展开 UV 的速度很快，方式多样化。缺点是没办法精确定位接缝的位置，另外它无法针对有细分层级的模型操作，UV Master（UV 大师）的工作目标只能是没有细分级别的低模，或者是高模的 Clone（克隆体）。

先来了解 UV Master（UV 大师）面板中最重要的几个命令。Unwrap（打开）能展开当前模型 UV，Unwrap all（打开所有）可以展开所有看到的模型 UV，这两个命令都可以自动展开模型的 UV。但是自动操作的结果可以说是简单粗暴，只求展开、不求展好，所以还需要借助 UV Master（UV 大师）内的其他功能来配合自动展开功能。Symmetry（对称）默认是开启的，可以让 UV 对称展平。Polygroups（模型组）命令能以多边形组为单位展开 UV，这样就避免接缝混乱的情况。其他功能在使用到时再进行讲解，如图 8-1 所示。

图　8-1

首先来学习完全使用 UV Master(UV 大师)展开 UV 坐标的方法。

(1) 单独显示怪物身体的低模组件。模型之前经过减面优化,所有的多边形分组的信息都丢失了。为低模重新划分多边形组,UV Master(UV 大师)将以多边形组为单位展开 UV。为了得到更精确的展开效果,把耳朵部分也作为单独的组划分出来,如图 8-2 所示。

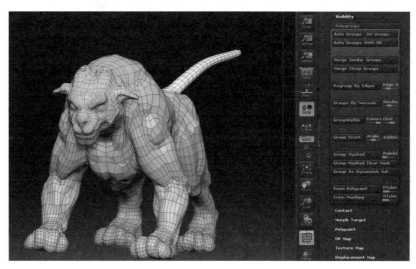

图　8-2

(2) 在 UV Master(UV 大师)面板中激活 Polygroups(模型组),直接单击 Unwrap(展开)测试自动按多边形组划分 UV 的效果。UV 拆分完毕后,激活面板内的 CheckSeams(检查接缝),UV 的接缝以黄线形式显示出来,查看当前 UV 划分存在的问题。可以看到 UV 基本上是按照模型组的区域进行了划分,四肢 UV 坐标划分相对比较合理,尤其是腿部的接缝软件都自动处理到了内侧。躯干的接缝处理得比较失败,被安排在身体两侧最明显的区域,理想的位置应该位于身体的正下方,也就是腹地,如图 8-3 所示。

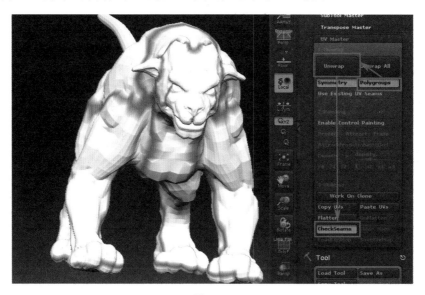

图　8-3

（3）单击 Flatten(展开)后可以直观地看到 UV 坐标的平面图。现在最大的问题是 UV 坐标划分得比较破碎,头部被划分成 3 份,躯干部分也有两部分。单击 UnFlatten(恢复模型状态)可以让模型从展平状态恢复到原始形态,如图 8-4 所示。

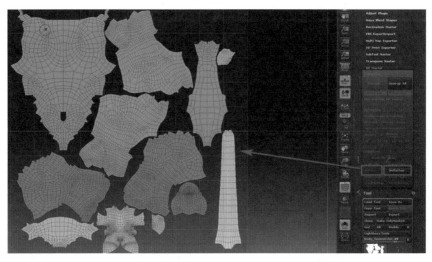

图　8-4

（4）单击 UnFlatten(恢复模型状态),关闭 CheckSeams(检查接缝)。激活 Enable Control Painting(控制绘画)按钮,它能够通过绘制的方式大致指定 UV 的接缝位置。激活 Protect(保护)按钮,它能让鼠标在模型上绘制出一片红色的区域,这片区域有类似 Mask(遮罩)的作用,能对当前区域进行保护,让接缝绕过这片区域。在模型的脸部涂抹红色就能避免把眼睛裁开的情况出现,在四肢的正面方向也绘制红色,确保 UV 接缝不会出现在四肢的正面。激活 Attract(吸引)按钮,它可以在模型上绘制出蓝色的区域,与 Protect(保护)区正好相反,蓝色区域会吸引接缝通过。从模型的下巴一直绘制到尾巴尖包括四肢的后侧,有意地引导接缝从此处剖开。在绘制时笔刷不用刻意调小,因为 UV Master(UV 大师)原本就无法特别精确地定位接缝位置。Erase(擦除)能将模型上绘制的红、蓝区域清除,以便重新规划,如图 8-5 所示。

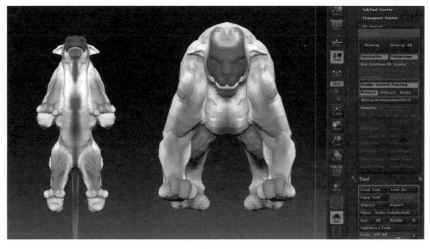

图　8-5

（5）由于 UV Master（UV 大师）无法精确地定位接缝位置，导致每次展开 UV 的结果都有所不同。如果对结果不满意就再次单击 UnFlatten（取消展平状态），重新修改模型的 Protect（保护）和 Attract（吸引）区域，反复尝试后得到相对满意的 UV 坐标图，这时只需要导入其他软件对 UV 坐标的布局稍作修正就可以使用了，如图 8-6 所示。

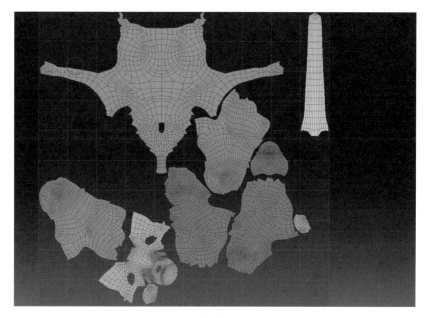

图 8-6

8.2 Maya 辅助 UV Master（UV 大师）划分躯干 UV 坐标

本节将使用 Maya 配合 UV Master（UV 大师）进行指定 UV 坐标的工作。使用 Maya 对模型 UV 接缝进行精确划分，并且将划分开的 UV 分开摆放，然后再借助 UV Master（UV 大师）快速展平。这种流程的效率更高，也更加精确。

先介绍几个 UV Texture Editor（UV 纹理编辑器）内常用的热盒命令，熟练之后有助于提升工作效率。

（1）选择 UV 点。打开 UV Texture Editor（UV 纹理编辑器），在展开的 UV 坐标上右击，在弹出的热盒内可以选择进入 UV 级别，这样就可以选择 UV 点了，如图 8-7 所示。

（2）选择一片区域的所有 UV 点。选中某个区域的单个或多个 UV 点后，按住 Ctrl 键并右击，调出热盒，选择 To Shell（转换到壳）就可以把当前区域内的所有 UV 点选中，如图 8-8 所示。

（3）展开 UV。对这些 UV 点，按住 Shift 键右击，在弹出的热盒里有两个常用命令，即 Unfold UVs（展开 UV）和 Relax UVs（放松 UV），这两个命令都可以舒展扭曲的 UV，如图 8-9 所示。

接下来还是以身体的低模为例，讲解如何使用 Maya 配合 UV Master（UV 大师）进行指定 UV 坐标。

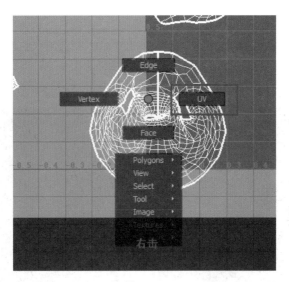

图 8-7

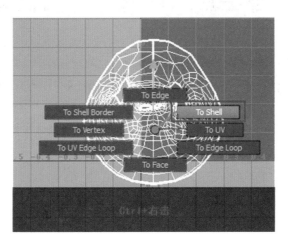

图 8-8

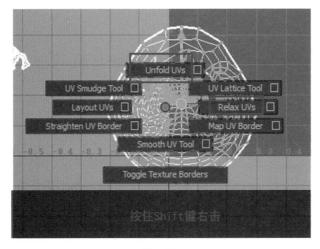

图 8-9

Maya 辅助调整 UV

（1）把身体的低模通过 GoZ 或者导出 OBJ 的方式导入 Maya，在低模上右击调出热盒，进入 Edge（边）的层级模式，把准备作为 UV 接缝的边选中，接缝位置尽量安排在隐蔽或动作幅度不大的位置，如图 8-10 所示。

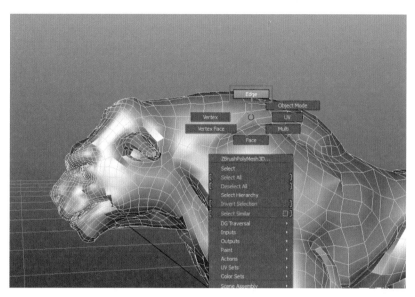

图　8-10

（2）在 Maya 的菜单 Window（视窗）中单击 UV Texture Editor（UV 纹理编辑器）命令，打开 UV 编辑器的界面，如图 8-11 所示。

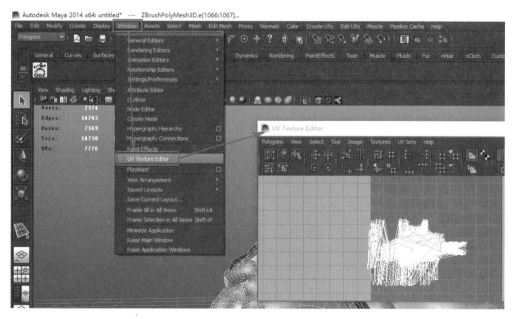

图　8-11

（3）保持边选中的状态，在 UV Texture Editor（UV 纹理编辑器）内选择 Polygons（多边形）→Cut UV Edges（切割 UV 边）菜单命令，让模型的 UV 沿着选中的边裁开。对所有需要裁开 UV 的部位执行相同的操作。现在模型的外表看起来并没有什么变化，但它的表面 UV 已经被分割开了，如图 8-12 所示。

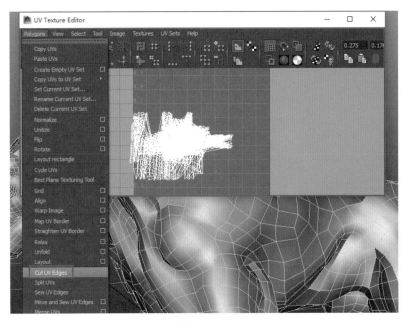

图 8-12

（4）在 UV Texture Editor（UV 纹理编辑器）内单击 UV 边界加粗显示按钮，这个按钮经常被隐藏在编辑器面板的右侧，扩展编辑器面板的窗口就可以看到，对模型的 UV 接缝加粗以方便检查，如图 8-13 所示。

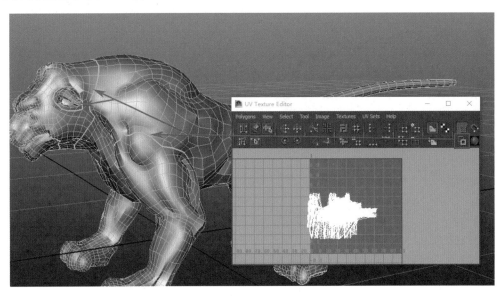

图 8-13

（5）按照耳朵、下颚、面部、四肢、脚底和尾巴这样几个区域为模型划分 UV，如图 8-14 所示。

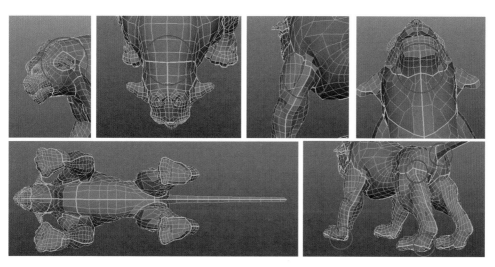

图 8-14

（6）接下来的工作非常重要，在 UV Texture Editor（UV 纹理编辑器）内看到所有的 UV 全部重叠在一起，必须将它们分离开。如果缺少了这一步，UV Master（UV 大师）会无法识别 UV 接缝。

在模型上右击，从弹出的热盒内进入 UV 层级模式。选择模型上的一个 UV 点，按住 Ctrl 键并右击，在弹出的热盒菜单内选择 To UV Shell（转换到 UV 壳）命令，将选中点所处区域的 UV 坐标点全部被选中。可以看到，UV Texture Editor（UV 纹理编辑器）内对应的 UV 坐标点也同时被选中了，按 W 键进入移动模式，从 UV Texture Editor（UV 纹理编辑器）内将这片 UV 纹理分离出来。对其他部分的 UV 执行相同操作，将它们全部分离出来，如图 8-15 所示。

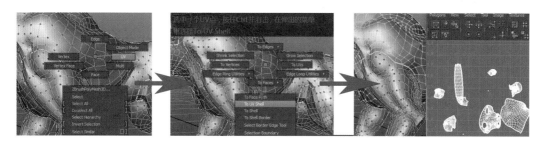

图 8-15

（7）在 UV 贴图上右击调出热盒，进入 UV 点级别，用鼠标框选 UV Texture Editor（UV 纹理编辑器）内所有贴图的 UV 点，如图 8-16 所示。

（8）按住 Shift 键单击，调出热盒，选择 Unfold UV（展开 UV），对所有 UV 贴图进行粗略展平，如图 8-17 所示。

（9）UV 贴图还存在严重的拉伸与扭曲的现象，将使用 UV Master（UV 大师）解决这些问题。把分好接缝的模型选中，单击工具架上的 GoZBrush 选项卡，通过 GoZ 将模型传输到 ZBrush，如图 8-18 所示。

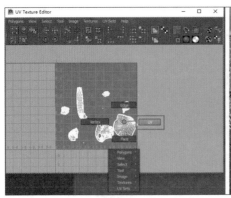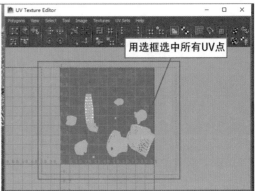

用选框选中所有UV点

图 8-16

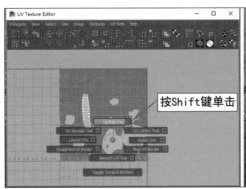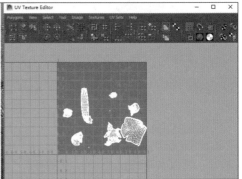

按Shift键单击

图 8-17

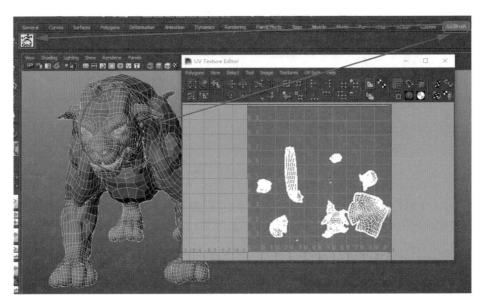

图 8-18

（10）按 UV 接缝重新划分多边形组，分组可使通过组的颜色方便地观察 UV 划分结果。选择 Tool（工具）→Polygroups（多边形组）→Auto Group With UV（根据 UV 坐标自动划分组）菜单命令，按 Shift＋F 组合键打开线框显示观察组的划分结果，如图 8-19 所示。

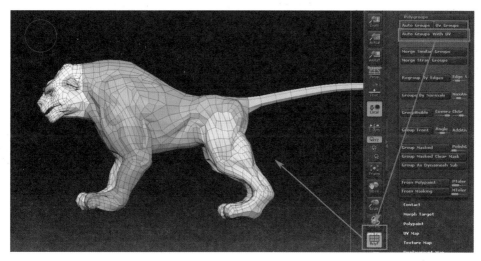

图　8-19

（11）打开 UV Master（UV 大师）执行以下 3 步操作。

① 激活面板内的 Use Existing UV Seams（使用已存在的 UV 接缝）。

② 单击 Unwrap（展开）等待软件自动指定 UV 坐标。

③ 单击 Flatten（变平）观察 UV 图。

通过 UV 坐标图可以看到，这轮操作得到的 UV 图更加合理，如图 8-20 所示。

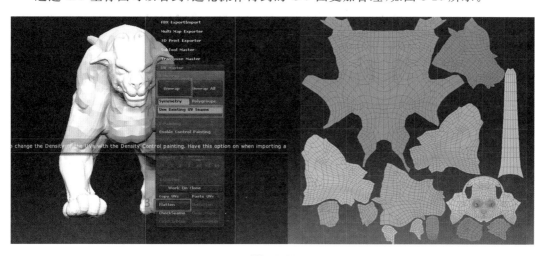

图　8-20

（12）单击 UnFlatten（取消变平）让模型从 UV 图的形态恢复原状，再次通过 GoZ 将身体模型输入 Maya，对 UV 进行拼接，如图 8-21 所示。

下面以连接躯干与尾部为例，讲解如何整合 UV 贴图。

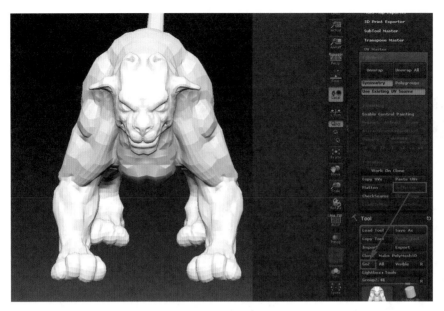

图 8-21 　　　　　　　　　　　　　　　　　　　　　　　　**Maya 内 UV 调整**

（1）在躯干 UV 图上右击，调出热盒，进入 UV 点级别，选择躯干上的点。再按住 Ctrl 键并右击调出热盒，使用 To Shell（转换到壳）命令，选中躯干区域的所有 UV 点，如图 8-22 所示。

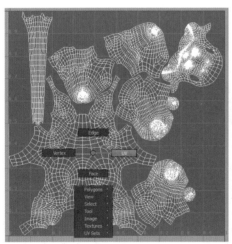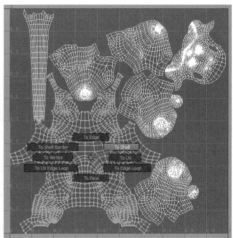

图 8-22

（2）按 W 键将躯干的 UV 贴图移出，以方便调整。用同样的方式将尾部 UV 贴图也移出来，并且使用 E 键旋转尾部 UV 贴图，准备与躯干相接，如图 8-23 所示。

（3）在 UV 图上右击调出热盒，进入 Edge（边）级别，选择躯干与尾巴相接的共用边。如果选中的是一条共用边，它会在两个共有区域内同时高亮显示，选中尾部与躯干的共用边。只需要选中大部分相连的共用边就可以了，如果把所有共用边都选中，会在连接时让 UV 再次扭曲，如图 8-24 所示。

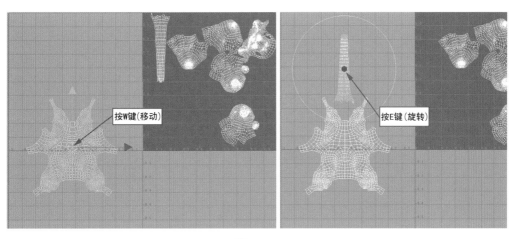

图　8-23

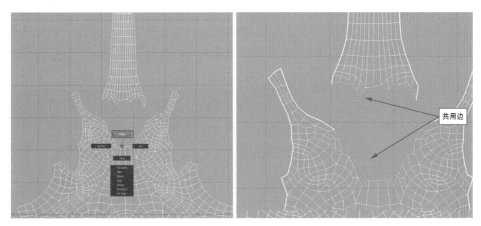

图　8-24

（4）选中共用边后，按住 Shift 键并右击，调出热盒，选择 Move and Sew UV（移动并缝合 UV），将尾部与躯干衔接起来，衔接后的部分出现了两处扭曲，如图 8-25 所示。

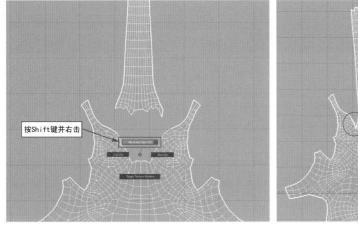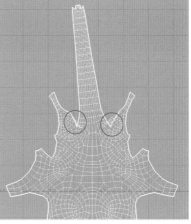

图　8-25

（5）在 UV 图上右击进入 UV 点级别，框选扭曲部分的 UV 点，按住 Shift 键并右击，调出热盒，选择 Unfold UV（展开 UV），现在扭曲消失了。如果扭曲得太厉害也可以直接移动 UV 点，如图 8-26 所示。

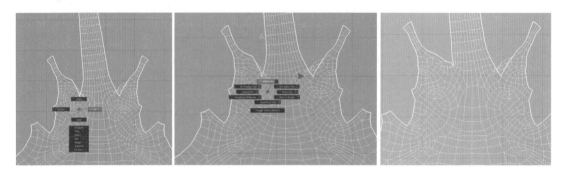

图　8-26

（6）对其他部分的 UV 坐标进行类似整合后，合理摆放 UV 贴图。它不仅视觉上非常直观，而且在调整颜色贴图时也可以最大限度地避免色差产生的贴图接缝。对于头部这种需要重点表现的部分，要适当放大一些，以方便后期为贴图添加细节，如图 8-27 所示。

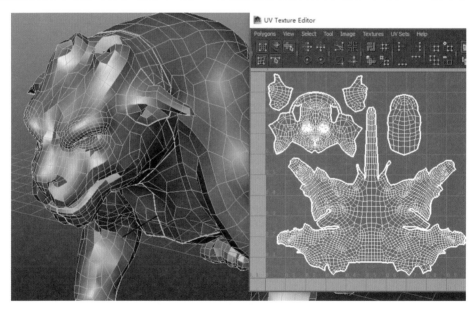

图　8-27

建议：

Maya 与 ZBrush 的 UV 坐标垂直方向相反，这一点通过 UV 坐标图在两款软件内的形态就可以知道。GoZ 在传输模型时会根据目标软件，自动匹配 UV 坐标。但如果需要手动导入、导出贴图，就必须反转贴图的轴向才能被对方软件正确识别，贴图的反转可以用 ZBrush 中 Texture（纹理）→Flip V（V 轴向反转）菜单命令实现，这些内容会在后面输出贴图时详细讲到，如图 8-28 所示。

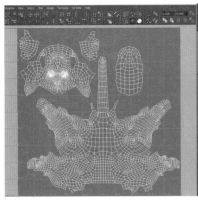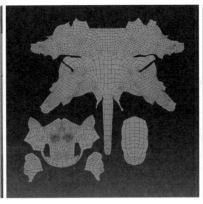

图　8-28

8.3　指定装备 UV 坐标：Work On Clone（在克隆体上操作）与 UV 传递

本节来指定骑具装备的 UV 坐标。这个环节面临两个难题：首先，这套骑具的组件被分在了多个 SubTool（细分工具）层中，使用之前的方法依次拆解 UV 工作量太大；其次，这些装备本身具有细分级别，而 UV Master（UV 大师）无法直接拆分带有细分级别模型的 UV。

先来解决第一个问题，将这些所有的装备组件合并进一个 SubTool（次级工具）组件，作为一个整体进行操作。这些组件必须拥有相同的细分级别，并且全都处于最高级别的状态下。如果参与合并的组件细分级别各不相同，会让合并之后的新组件没有任何细分级别。

使用 SubTool（次级工具）→Merge（合并）→MergeDown（向下合并）菜单命令，把所有骑具模型全部整合进一个 SubTool（次级工具）组件内，这时可以看到当前模型不仅保留了细分级别及雕刻细节，也同时保留了分组，如图 8-29 所示。

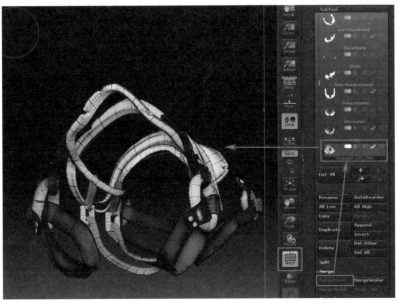

图　8-29

合并后模型表面很容易出现显示问题，这是 ZBrush 中最常见的问题了。激活 Tool(工具)→Display Properties(显示属性)→Double(双面显示)菜单命令，问题解决，如图 8-30 所示。

图　8-30

对于拆分带有细分级别模型 UV 的问题。UV Master(UV 大师)面板里有一个叫作 Work On Clone(在克隆体上操作)的命令，克隆体来源于目标组件的 1 级细分形态。UV Master(UV 大师)可以为克隆体拆分 UV，之后再将克隆体的 UV 坐标传递给带有细分级别的原始模型，如图 8-31 所示。

(1) 单击 Work On Clone(在克隆体上操作)，可以看到装备组件生成了一个 1 级细分状态的 Clone(克隆体)，这个物体没有任何的细分级别，而且替换了之前的场景。

通过按 Shift＋F 组合键观察到 Clone(克隆体)虽然没了细分级别和高模的雕刻细节，但原始物体的多边形分组全部保留了下来。这时需要激活 UV Master(UV 大师)内的 Polygroups(多边形组)，借助多边形分组来划分 UV，单击 Unwrap(展开)，如图 8-32 所示。

(2) 单击 UV Master(UV 大师)→Flatten(展平)查看展开结果，由于这些模型都是由 Maya 的基本几何体创建出来的，展开后的效果非常理想，几乎可以直接使用。检查完毕后单击 UnFlatten(取消展平)恢复模型状态。单击 Copy UV(复制 UV)按钮将 UV 信息记录在内存里，如图 8-33 所示。

图　8-31

(3) 在 Tool(工具)菜单内的工具面板里选择骑具高模组件的图标，就能切换回之前工作场景。激活骑具高模所在的 SubTool(次级工具)层，再次展开 UV Master(UV 大师)面板，直接单击 Paste UVs(粘贴 UV)。稍等片刻后，UV 信息就传递给了带细分级别的高模组件，如图 8-34 所示。

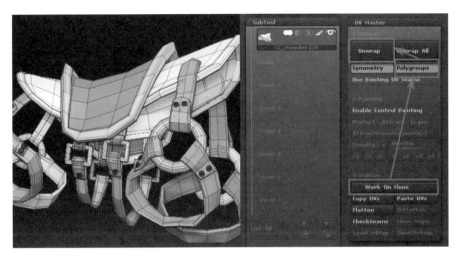

图　8-32

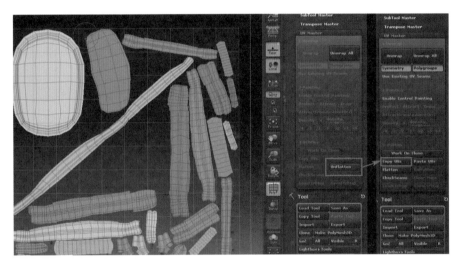

图　8-33

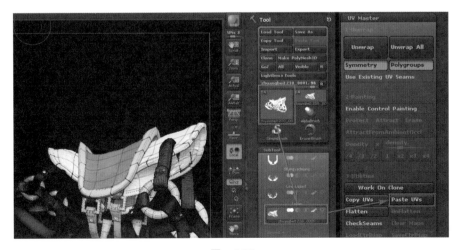

图　8-34

（4）UV Master(UV 大师)无法使用 Flatten(展平)命令观察带有细分级别的组件。为了能看到 UV 传递后的效果，选择 Tool(工具)→UV Map(UV 贴图)→Morph UV(变形 UV)菜单命令，可以看到场景中的高模被直接拉扯成了 UV 坐标图的形状，证明 UV 坐标的传导已经成功。关闭 Morph UV(变形 UV)可令模型恢复过来，如图 8-35 所示。

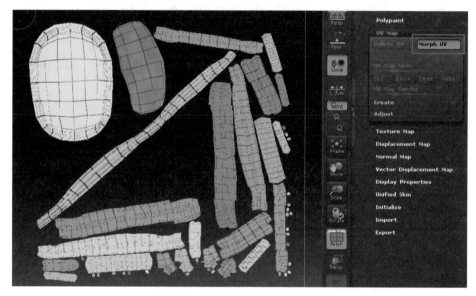

图　8-35

（5）将骑具模型的 1 级细分 GoZ 到 Maya 中，对 UV 稍作调整。将它们更加有序地摆放，让相同材质或者同属一个部位的 UV 相邻，这样在绘制贴图时能提高工作效率，如图 8-36 所示。

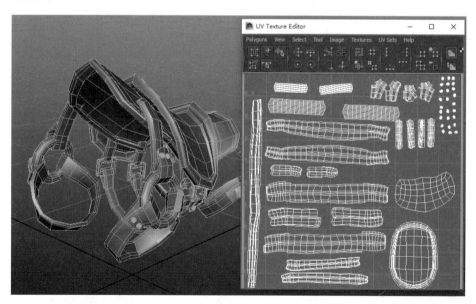

图　8-36

8.4 眼球 UV 的制作

最后讲述眼球的 UV 制作，之前使用的眼球模型是由 ZBrush 自带的 Sphere3D（三维球体工具）生成，它的作用是制作怪物眼眶结构时给予一定的参考帮助。Sphere3D（三维球体工具）的布线过于平均，缺乏指向性，也不易确定 UV 接缝的位置。

（1）将其 GoZ 到 Maya 中，参照其大小及位置建立一个多边形球体将其替换。旋转多边形球体的顶点位置作为眼球的瞳孔，如图 8-37 所示。

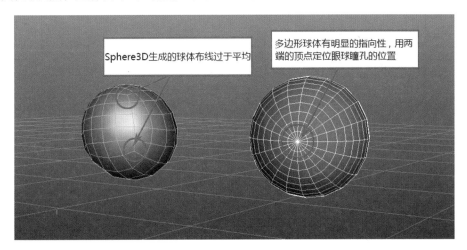

图 8-37

（2）这种简单的形体可以直接在 Maya 中把 UV 展开，选择 Polygon（多边形模块）→Create UVs（创建 UVs）→Planar Mapping（平面映射）菜单命令，给多边形球体一个平面映射，让映射平面平行于瞳孔。右击调出热盒，进入球体的 Edge（边）级别。在多边形球体的两个顶点之间选择一条环线，打开 Window（窗口）菜单，选择 UV Texture Editor（UV 纹理编辑窗口）命令，按住 Shift 键并右击调出热盒，选择 Cut UVs（切割 UVs），让 UV 沿着刚才选中的环线切开，如图 8-38 所示。

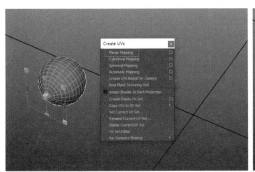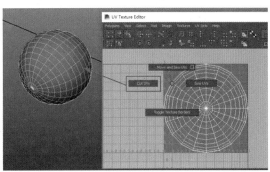

图 8-38

（3）对拆分的球体 UV 进行摆放，处于瞳孔一侧的为正面，因为要映射的眼球纹理尺寸要大，处于背面的 UV 缩小，如图 8-39 所示。

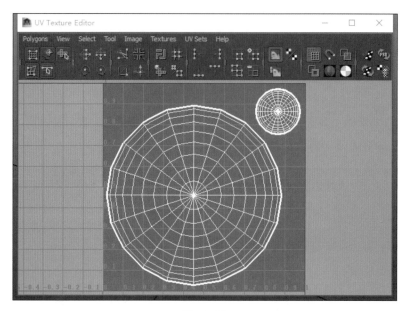

图 8-39

（4）把建好的眼球模型通过 GoZ 导入 ZBrush，因为这是全新的物体，所以被单独放置在一个新场景中。在 Tool（工具）菜单的工具面板中，找到怪兽项目的场景激活。通过 SubTool（次级工具）→Append（扩展）按钮将眼球导入，另一侧的眼球使用 Zplugin（Z 插件）→ SubTool Master（细分工具大师）→Mirror（镜像）镜像出来，如图 8-40 所示。

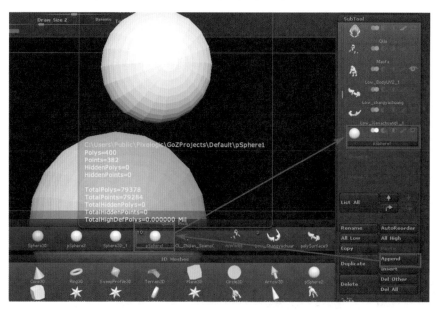

图 8-40

第 9 章　Project（细节投射）、法线贴图与颜色贴图

在本章稍后的内容中会使用 ZBrush 的 Polypaint（顶点着色）功能，在高模表面绘制颜色并输出颜色贴图。需要所有参与绘制的高模必须含有 UV 坐标信息，才能让模型表面的色彩通过 UV 坐标生成颜色贴图。

场景内很多高模组件如躯干、毛发、兽角等，它们的低模都是通过对复制的高模使用 ZRemesher（重新拓扑）工具生成的。虽然这些拓扑出来的低模被指定了 UV 坐标信息，但它们与高模分处不同的 SubTool（次级工具）层内，两者并无直接联系。需要通过 Project（细节投射）技术把高模上的雕刻细节传导给低模，才能使这些组件进入色彩绘制的环节。

9.1　细分低模并使用 Project（细节投射）传递细节

现在，以怪物的身体为例，讲解如何将高模的细节传递给拓扑出来的低模。用到的是 Tool（工具）→SubTool（次级工具）→Project（细节投射）菜单命令。

（1）展开 SubTool（次级工具）菜单，将模型身体的高模组件和拓扑出来的低模组件同时显示。按 Shift+F 组合键显示出多边形组的颜色，以方便观察。用 Move（移动）笔刷调整低模外形，让其尽量与高模匹配，两个模型之间的距离会影响细节投射的结果，如图 9-1 所示。

图　9-1

（2）提高低模的细分级别，让其有充足的面数去继承高模的细节。当前的高模细分级别已经到达 6 级，包含的面数也多达近 80 万面，这还是执行 Decimation Master（抽取大师）减面优化后的结果。由于数据量太大，为了避免系统崩溃，需要对低模进行逐级细分和逐级映射。这样软件只会计算模型两级之间的变化，不仅计算量要小得多，而且可以检查每级投射后的结果。如果出现问题也可以在当前级别解决。

选择低模，按 Ctrl＋D 组合键提升至 2 级细分，选择 SubTool（次级工具）→Porject（细节投射）→ProjectAll（映射场景中全部组件）菜单命令，使用默认值进行投射。投射完成后单击 Solo（单独显示）按钮观察低模的映射结果，如图 9-2 所示。

图　9-2

（3）检查发现背部有几处异常的凸起和凹陷，这是由于模型间的距离不均造成的投影错误。返回至投影之前进行修正。先用 Move（移动）笔刷调整低模尽量与高模匹配，然后在 Porject（细节投射）内，把 Dist（投射距离）数值调大，再次投射后问题解决。Dist（投射距离）可以增大投射距离，最大数值为 1，即使两个模型间距离有差距仍然能投射成功，如图 9-3 所示。

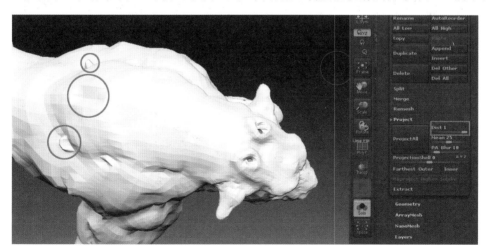

图　9-3

（4）继续提升低模的细分级别，随着投射次数的增加，两个模型在外表上越来越接近，对投射精度的要求也越来越高，这时过大的 Dist（投射距离）数值反而会让投射结果出错，做到 3 级细分以上就可以把 Dist（投射距离）数值调小。5 级细分后已经投射出了大部分的细节，Dist（投射距离）数值也已经被减少到了 0.01。检查模型，对存在的瑕疵用笔刷修复，这时身体的投射工作全部完成，如图 9-4 所示。

图　9-4

（5）模型的雕刻细节在投射过程中会有所损失，用画笔继续丰富纹理，这也是为什么在之前的精雕环节并没有添加过于丰富、细腻的皮肤纹理。现在终于到了模型精雕的最后一步，使用 Standard（标准）笔刷配合 Spray（喷射）笔划选择软件自带的 Alpha 58 号笔触，把 Z Intensity（笔刷强度）数值调至 5 左右，可以给模型添加上细密的纹理。Alpha 58 号笔触带有明显的指向性，如果沿着肌肉结构精细绘制效果更好。主要的绘制目标集中在头部和四肢，其他部分被骑具装备覆盖一带而过即可，如图 9-5 所示。

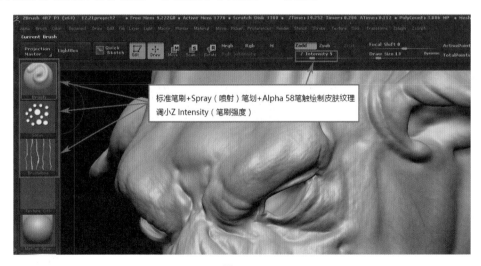

图　9-5

（6）毛发部分的细节绘制用 Standard（标准）笔刷＋Freehand（自由绘制）笔划＋Alpha 60 号完成。这套组合可以绘制出一排细线，能很好地模拟发丝。在雕刻时要注意用笔按照之前分好的大组走。这里有两点用笔的提示：首先，绘制发丝时不要来回涂抹，一笔接一笔地完成绘制可以让发丝顺滑不乱；其次，在发际线的位置，用笔从毛发画向皮肤效果会更自然，如图 9-6 所示。

图　9-6

（7）对所有的模型组件进行最后的细节完善，观察整体效果，没有问题后保存备份，结束整个雕刻环节，如图 9-7 所示。

图　9-7

9.2　ZBrush 烘焙法线贴图

本节将学习如何使用 ZBrush 烘焙模型的法线贴图。首先解释什么是法线贴图以及它的作用是什么。"法线贴图"这个词常在次世代游戏的制作中听到，简单地说，它能让面数很少的低模展现出高模才具备的丰富细节,听上去非常神奇。

其实,用一个简单的小例子就可以解释它的工作原理:当光线照射到物体表面时就会发生折射。如果光照射到了一个非常粗糙的物体表面,如充满雕刻细节的高模,光线就会向着各个方向进行折射,这个现象的学名叫漫反射。法线贴图就是记录了光线在物体表面的折射方向,如图9-8所示。

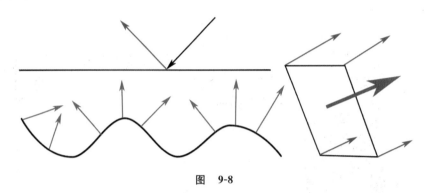

图 9-8

法线贴图用 X、Y、Z 3 个轴向定位光线折射的方向,它们分别代表着水平、垂直和深度3 个方位。法线贴图可以把光线在 X、Y、Z 轴的方向换算成颜色,红色代表法线方向的左、右轴,绿色代表法线方向的上、下轴,蓝色代表法线的垂直深度。把所有的光线折射方向转换成 RGB 并搜集到一起,就形成了法线贴图。当这张包含所有模型表面折射信息的图片贴给低模后,低模就在模型表面模拟出了非常复杂的漫反射效果,这就是为什么能在低模上看到大量细节的原因。

很多软件包括 Maya 在内,都有烘焙法线的功能,甚至还有像 Xnormal 这样专门制作法线的工具。但是,ZBrush 的高模含有的面数太过庞大,早期必须通过 Decimation Master(抽取大师)将模型进行精简,才能导出 .OBJ 格式文件让其他软件读取。随着版本的升级,ZBrush 的法线烘焙也越来越成熟,不仅质量高而且方法简便。

下面以身体为例制作法线贴图。

(1) 选择 Tool(工具)→UV Map(UV 贴图)菜单命令,把 UV Map Size(UV 贴图尺寸)设置为 4096,然后激活 Normal Map(法线贴图)→Tangent(切线空间法线贴图)。法线有两种常见形式:一种是切线空间法线贴图;另一种是物体空间法线贴图。两者的区别在于切线空间法线贴图更适合赋予会动的物体。为了得到更好的法线贴图效果,将 SmoothUV(光滑 UV)和 SNormals(光滑法线)激活。如果没有开启这两项,生成的法线贴图上可能会出现生硬的网格线,如图9-9所示。

(2) 设置完成后,选择 Tool(工具)→Geometry(几何体)菜单命令,将模型的细分级别降至 1 级,然后选择 Tool(工具)→Normal Map(法线贴图)→Create NormalMap(创建法线贴图)菜单命令,单击界面中的 Clone NM(克隆法线贴图)按钮,这样法线贴图就可以在Texture(纹理)菜单中看到了,如图9-10所示。

(3) 从 Texture(纹理)菜单中选择刚生成的法线贴图,前面说过 Maya 和 ZBrush 的 UV坐标是垂直镜像的,先单击 Flip V(V 轴反转)垂直反转贴图,然后单击 Export(输出)按钮,

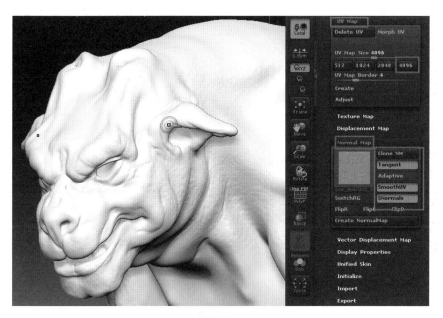

图　9-9

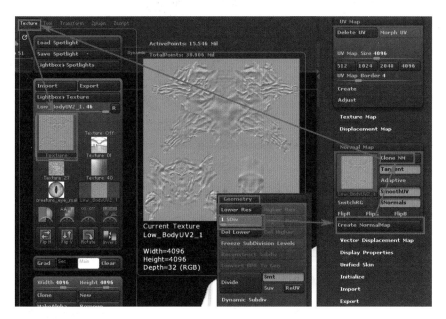

图　9-10

从弹出的输出面板中选择一种格式输出法线贴图，如图 9-11 所示。

建议：

　　有时 ZBrush 输出的法线贴图，被赋予到 Maya 的低模上会出现凹凸颠倒的错误状况。在这一节的开头部分曾说过，法线贴图可以把光线在 X、Y、Z 轴的方向换算成颜色，绿色代表法线方向的上下轴。出现的凹凸颠倒的状况就是绿色的法线方向出现了错误，如图 9-12 所示。

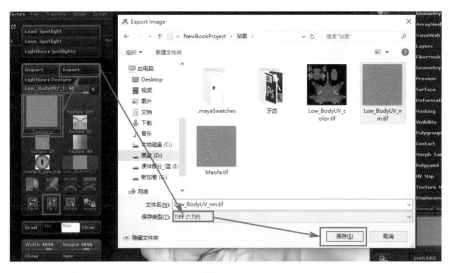

图　9-11

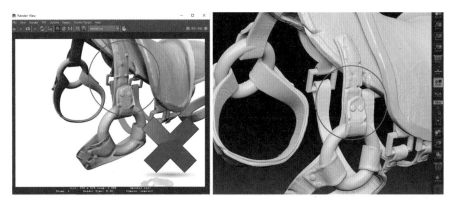

图　9-12

　　解决这个问题，需要在 ZBrush 输出法线贴图前先激活 Tool(工具)→Normal Map(法线贴图)→Flip G(绿色反转)按钮，这样就得到了一张凹凸相反的法线贴图，如图 9-13 所示。

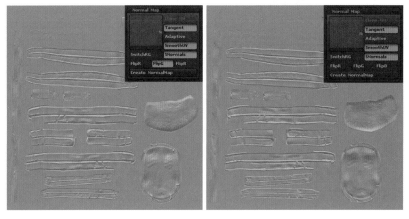

图　9-13

将新的法线贴图链接到低模的凹凸属性上重新渲染，现在低模展现出与高模相同的凹凸方向，如图 9-14 所示。

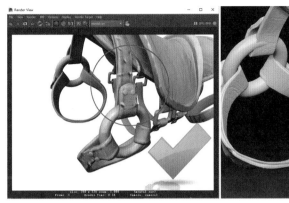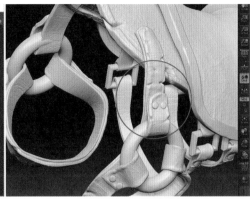

图　9-14

9.3 画皮：使用 Polypaint（顶点着色）绘制颜色纹理贴图

在本节中将使用 Polypaint（顶点着色）技术绘制模型的颜色贴图，让怪物变得有血有肉。

Polypaint（顶点着色）非常容易理解，它可以直接在模型表面的顶点上绘制色彩，再把绘制的色彩匹配模型的 UV 坐标，生成颜色贴图。这种绘制贴图的过程非常直观，接缝处理也很自然。

Polypaint（顶点着色）的绘制精度取决于模型的精度，可以把模型上的每个点理解成普通图片里的像素，也就是说，模型的顶点数越多绘制结果也就越精细，这也意味着在机器配置允许的情况下，为了得到效果更细腻的颜色贴图，需要进一步提升细分级别至 7 级。

还是以怪物的身体为例进行讲解。

（1）开始绘制之前先做些准备，激活身体所在 SubTool（次级工具）层确保笔刷图标开启，它的作用是决定是否显示模型上的顶点着色。先为模型指定一个新材质，可以选择 MatCap White01 或者 SkinShade4，这两种材质都有能很好地观察模型的固有色。将笔刷的 RGB 属性开启，同时关闭 Zadd（添加）属性，这样笔刷在绘制色彩时不会改变模型的外形，如图 9-15 所示。

（2）设置笔刷的着色模式，在 Brush（笔刷）→ Alpha and Texture（通道与纹理）→ Polypaint Mode（顶点着色模式）滑条里包含色彩叠加的 5 种模式，分别用 5 个数字代替，类似 Photoshop 中图层的叠加方式。

① Standard（标准）在绘画时色彩是互相覆盖的，也是绘画中使用最多的模式。

② Colorize（彩色）在绘画时将保留老笔触的明度，仅改变色相。

③ Multiply（正片叠底）新老颜色会混合变暗。

④ Lighten（照亮）所选颜色的色相、饱和度不变，亮度变高，适合画亮部。

⑤ Darken（变暗）所选颜色的色相、饱和度不变，亮度变低，适合画暗部。

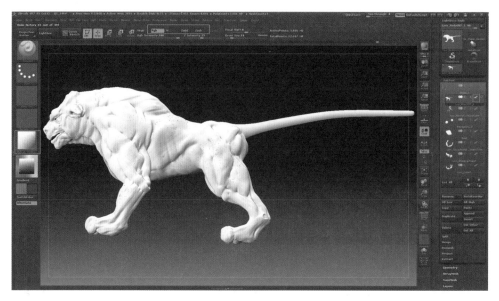

图　9-15

在开始绘制贴图时，可以先把 Polypaint Mode（顶点着色模式）设置为 1 Standard（标准），如图 9-16 所示。

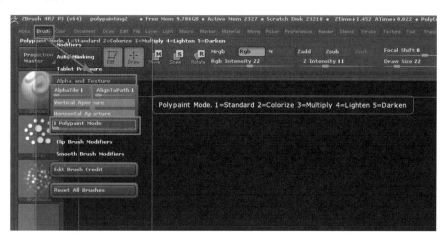

图　9-16

（3）为了便于绘制工作，可以将 Color（色彩）菜单放置于界面右侧托盘栏内。Color（色彩）菜单中有多种调色面板，选取一个暖色调的颜色，选择 Color（色彩）→FillObject（填充物体）菜单命令，将填充物体属性赋予模型，作为怪兽身体的固有色，如图 9-17 所示。

（4）选择 Standard（标准）笔刷＋FreeHand（徒手绘制）笔画＋Alpha 24 号笔触，在肌肉衔接的缝隙里填充冷色调，能让模型的肌肉看起来更有层次感，也更加结实。RGB Intensity（RGB 强度）数值调小，能让绘制的颜色与周围色彩很好地融合在一起。绘画时要经常旋转视角，避免因为透视角度的关系把画笔投射到错误的区域。绘画时拾色器的快捷键是 C，拾色器能够拾取 ZBrush 界面内所有位置的色彩，熟练使用后可以大幅提升中后期绘制纹理的效率，如图 9-18 所示。

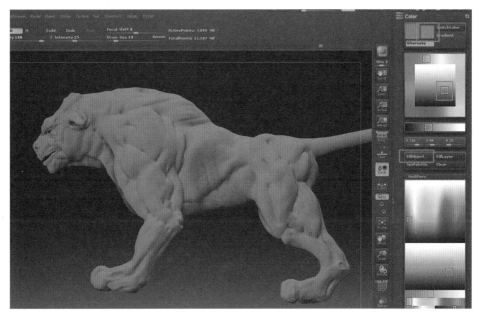

图　9-17

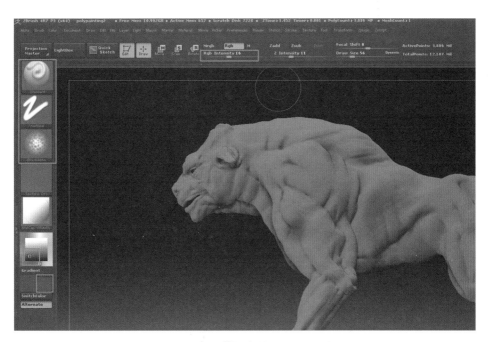

图　9-18

（5）接下来绘制模型的亮部，在身体固有色的基础上挑选一个浅色。打开 Brush（笔刷）→Alpha and Texture（通道与纹理）→Polypaint Mode（顶点着色模式），选择 4 Lighten（照亮）模式。使用 Standard（标准）笔刷＋Spray（喷射）笔画＋Alpha 07 号笔触，这种搭配能产生大量噪点，模拟粗糙的皮肤质感。在肌肉凸起的部分涂抹，进一步拉开色彩的层次。腹部可以涂抹得更白一些，与背部拉开色差，如图 9-19 所示。

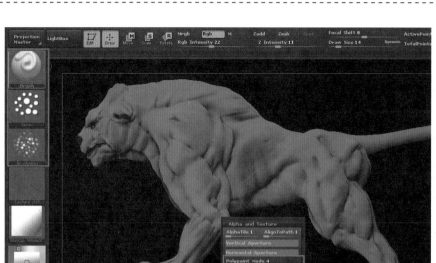

图 9-19

（6）在皮肤比较薄弱的地方如眼袋、耳郭、鼻梁、嘴唇部分可以用喷射笔划薄薄地画一层粉色，这样能让皮肤看起来更加通透，还可以在它们附近绘制黄绿色的补色进一步拉开两者的关系。像口腔内部这样隐蔽的部位，可以通过给上、下颚划分多边形组分别显示进行绘制，如图 9-20 所示。

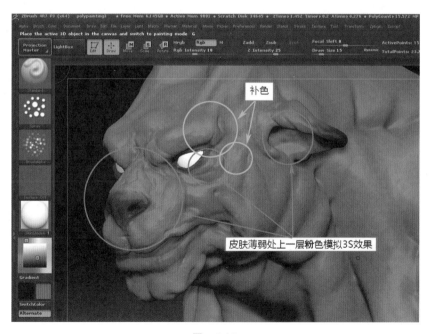

图 9-20

（7）绘制牙齿及牙床，选择类似象牙白的浅色作为牙齿的固有色，选择 Color（色彩）→ FillObject（填充物体）菜单命令填充整个牙齿模型。牙齿和牙床是一个整体，在绘制时颜色

很容易画出界。这时可以按住 Ctrl 键,将当前画笔切入 Mask(遮罩)笔刷,把牙齿部分保护起来,然后用 Standard(标准)笔刷＋Spray(喷射)笔划＋Alpha 07 号笔触绘制牙床,牙齿的根部颜色要深一些,这些细节能让作品更加生动,如图 9-21 所示。

（8）毛发色彩使用 Standard(标准)笔刷＋Freehand(自由绘制)笔划＋Alpha 60 号笔触绘制,如果感觉 Alpha 60 号画出的线条仍然太粗不能满足要求,可以在 Alpha 菜单内调节 H Tiles(水平拼接)属性,在相同笔刷尺寸中成倍增加笔触的纹理效果。

Polypaint1

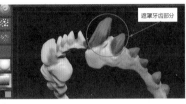

图　9-21

绘制时注意在毛发的根部使用深色,在后期处理中把与毛发相接触的皮肤颜色也加深,这样它们就能很好地融合在一起,在毛发的顶端用浅色绘制,能让毛发看起来非常有光泽。如果在绘制时出现了笔触扭曲的现象,很可能是此部分的模型有剧烈转折,这时可以调小笔刷尺寸,沿着模型的走势再次尝试,如图 9-22 所示。

图　9-22

9.4　使用 Texture Map（纹理贴图）生成颜色贴图

本节将学习如何把 Polypaint(顶点着色)绘制的色彩输出成颜色贴图。

下面以躯干模型为例学习如何生成颜色贴图。

（1）选择 Tool（工具）→UV Map（UV 贴图）菜单命令，将其中的 UV Map Size（UV 贴图尺寸）数值设置为 4096。ZBrush 最高可以支持 8K 尺寸的 UV 贴图，这种尺寸大多在高精度的静帧模型或电影模型中才会用到。对动画角色来说，2K 的贴图就已经能满足大部分要求了。接着进入下面的 Texture Map（纹理贴图）卷展栏，选择 Create（创建）下的第一项——New From Polypaint（由顶点着色生成纹理贴图），现在颜色贴图已经生成，如图 9-23 所示。

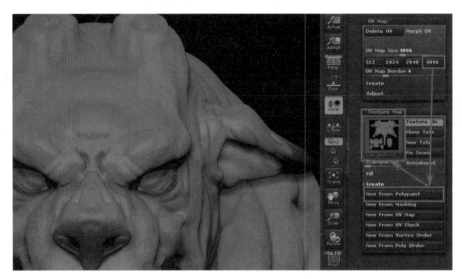

图　9-23

（2）刚生成的颜色贴图无法直接输出，需要单击 Texture Map（纹理贴图）菜单内的 Clone Texture（克隆纹理贴图），这样就能在 Texture（纹理菜单）内看到贴图副本。

在前面拆分 UV 的章节讲过，ZBrush 中的 UV 图坐标与 Maya 正好相反，用 GoZ 传输进 Maya 的模型会自动反转自身 UV 坐标。现在只是输出单张贴图，需要手动单击 Filp V（V 轴反转）将整个贴图垂直反转以匹配 Maya，单击 Export（输出）保存，如图 9-24 所示。

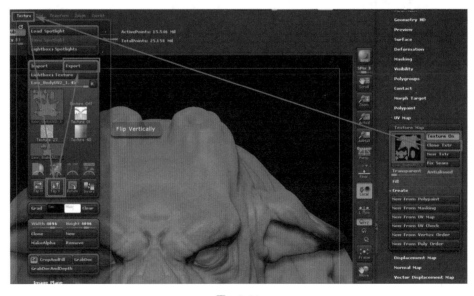

图　9-24

9.5　"画龙点睛"：Spotlight（射灯）制作眼睛及鹿角的颜色纹理贴图

本节将使用 Polypaint（顶点着色）辅助 Spotlight（射灯）工具，把搜集到的素材图片投射到模型上。Spotlight（射灯）具有纹理映射的功能，它能将图片投射到模型上，也可以对素材图像进行很多基本的处理，如缩放、位移、衰减、色相修正等，甚至还可以扭曲变形素材让它尽量与模型匹配。

下面就来看看 Spotlight（射灯）在软件中的位置，以及如何用它快速制作出眼球的颜色贴图。将眼球与身体的模型同时显示出来，以帮助确定映射角度。

（1）打开 Texture（纹理）菜单，单击 Import（导入）按钮把选好的眼睛纹理素材导入软件，如图 9-25 所示。

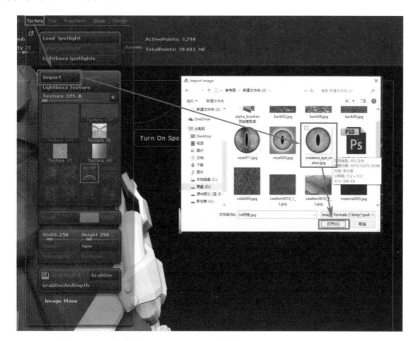

眼睛纹理素材

Spotlight 制作眼球

图　9-25

（2）激活眼球图片为当前素材，单击下面的 Add To Spotlight（添加至射灯）按钮，激活 Spotlight（射灯）的同时也把图片加载入当前场景，如图 9-26 所示。

（3）可以看到 Spotlight（射灯）工具呈现出一个转盘的形态，周身围绕着接近 30 个功能图标。本着实用主义的信条，书中只为大家介绍这款工具的基本操作方式以及本书实例中会用到的所有功能。

先讲解 Spotlight（射灯）工具的基本控制操作，转盘本身的结构可以看作三圆相套，左键按住最小的圆拖动，可以改变 Spotlight（射灯）转盘在画布中的位置，而且它也是画布中素材图片的轴心点。用鼠标左键按住中间的圆环拖动，会同时改变 Spotlight（射灯）转盘与导入素材在画布中的位置。最外侧的圆环是功能图标面板，用鼠标左键按住需要功能，通过旋转转盘调整功能参数，如图 9-27 所示。

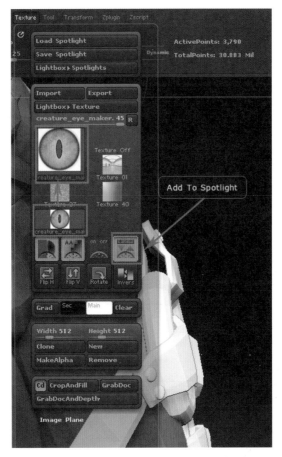

图　9-26

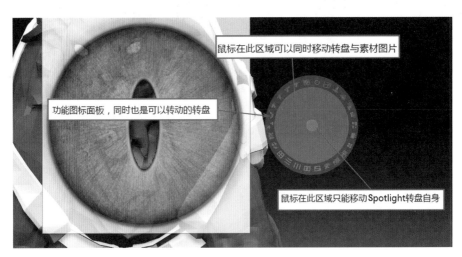

图　9-27

（4）参照画布中眼球的大小把素材图缩小，用鼠标左键按住圆环上的 Scale（缩放）图标不放，逆时针转动转盘，可以看到材质图片以转盘的中心为轴心点缩小。这里需注意的是，黄色部分是眼球的虹膜,它的大小能影响人们对角色性格的感受,较大的虹膜和瞳孔总能让人感觉年轻、友善,如果虹膜较小则让人体会到危险与狡诈,如图 9-28 所示。

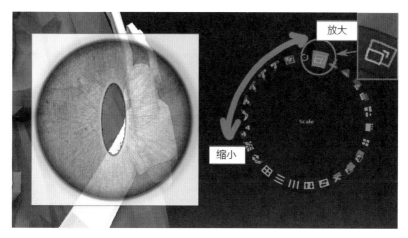

图　9-28

建议:

　　对图片进行位移和缩放等操作时不要使用 Ctrl＋Z(后撤)组合键,那会关闭 Spotlight(映射)工具。

　　(5) 图片以转盘的中心点为轴心进行位移和缩放。把图片的中心与转盘的中心点尽量对齐,可以使调整更加直观。移动素材的位置,让模型的瞳孔与素材瞳孔位置相重叠。如果觉得素材图片对后方模型的遮挡比较厉害而影响观察,可以通过转动转盘上的 Opacity(不透明度)属性,以提高材质的透明效果。Opacity(不透明度)属性只是针对图片的显示效果,对最终的映射结果不造成任何影响。如果想让图片的半透明效果反映在模型上,需要使用 Fade(衰减)功能,它可以让素材以半透明的状态映射在物体表面。Fade(衰减)能让映射到模型上的各种素材自然地融合在一起,如图 9-29 所示。

图　9-29

　　(6) 按 Z 键控制 Spotlight(射灯)转盘的显示与隐藏。按 Z 键隐藏转盘进入模型编辑模式，把眼球模型的细分级别至少提高至4级，以保证映射后的眼球材质清晰。下面的步骤与Polypaint（顶点着色）非常相似，选择 Color（色彩）→FillObject（填充物体）菜单命令，给眼球填充一个黑色的底色。黑色的眼球可以让怪物显得非常魔性，而且用黑色做底色能把金色的部分对比得更加耀眼，如图9-30所示。

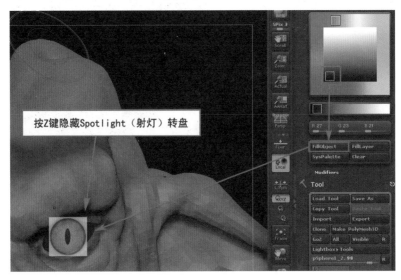

图　9-30

（7）选择 Standard（标准）笔刷工具。关闭 Zadd，同时开启 RGB 模式，让笔刷进入上色的状态。按 X 键开启对称模式，调小笔刷尺寸后小心地在素材黄色瞳孔的部分涂抹，尽量不要把素材中的白色底色映射到眼球模型上。如果不小心把素材的白底色涂抹到了眼珠上，可以按住 Ctrl 键让笔刷进入 Mask（遮罩）模式，将画好的瞳孔和虹膜保护起来，然后用黑色把涂错的部分覆盖即可，如图9-31所示。

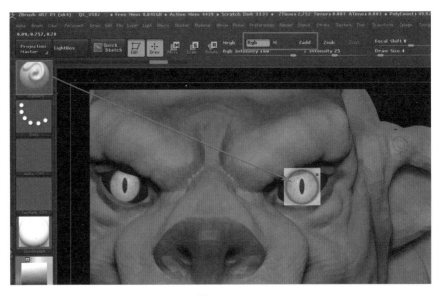

图　9-31

（8）绘制完成后按 Shift＋Z 组合键退出 Spotlight（射灯）模式，同时也关闭了素材图片的显示。检查一下眼球的各个角度，确认没有任何映射错误。现在怪物终于拥有了一双凶残的眼睛，整个模型都仿佛充满了生命力，如图 9-32 所示。

图　9-32

接下来绘制鹿角的贴图，鹿角被设计成了树木的样子。原创形象的乐趣就在这里，这种暗含自然生机的形态被安放在了充满暴虐力量的身体上，二者对立又统一，这正是希望体现的效果。

因为鹿角的形态非常复杂，而且树纹沿着角叉生长，如果用 Photoshop 绘制树纹难度非常大。所以还是选择使用 Spotlight（射灯）映射完成。

大致步骤是先涂底色，然后找一张树皮素材进行映射，映射过程中需要不断旋转视图，保证树纹沿着鹿角的生长方向延伸。调整 Fade（衰减）功能，以便纹理之间过渡自然。角部的叉尖部分面积太小，映射很容易产生拉伸，可以使用 Polypaint（顶点着色）手动上色，或者等输出贴图后使用 Photoshop 再作修整，具体的映射过程扫下面的二维码可以观看，以供参考，如图 9-33 所示。

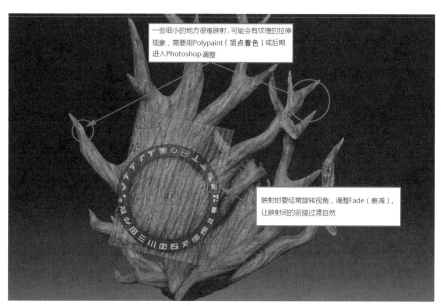

图　9-33

木纹纹理素材

鹿角映射

在映射完成后可以在缝隙处增加些补色。简单画几笔就能让整个模型看起来不那么单调，而且也让暗部看起来比之前要透气些，如图 9-34 所示。

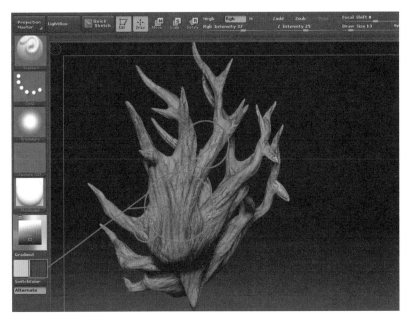

图　9-34

至于骑具，因为全部是由常见材质组成，借助 Photoshop 叠加材质远比在 ZBrush 中绘制来得方便。

找个浅色为它填充底色，并且用画笔标记出各个零件的轮廓，这些地方是物品容易磨损的部位，需要在 Photoshop 中对这些标记过的地方进行磨损做旧处理，如图 9-35 所示。

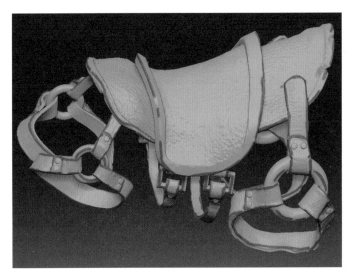

图　9-35

激活 Tool（工具）菜单中的 UV Map（UV 纹理贴图）→Morph UV（变形为 UV），直接将模型拉扯为 UV 图的样子，观察绘制的标记效果，再次单击取消激活 Morph UV（变形为

UV），让模型恢复原始形态，如图 9-36 所示。

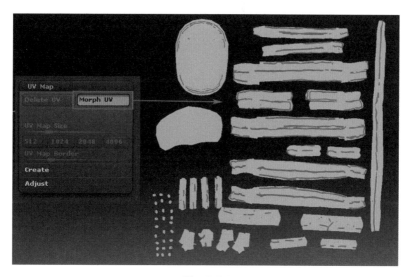

图　9-36

9.6　Multi Map Exporter（多重贴图输出）：省时又省力的多种贴图同时输出

　　场景中每个 SubTool（次级工具）组件都需要导出多种贴图，用之前学过的方法依次导出会比较烦琐，下面学习如何批量导出多个物体的多种贴图。

　　在画布中显示出所有需要输出贴图的 SubTool（次级工具）模型组件，打开 Zplugin（Z 插件）菜单，选择 Multi Map Exporter（多重贴图输出）命令，可以看到里面列出了多种输出种类，包括 Displacement（置换贴图）、Normal（法线贴图）、Texture from Polypaint（由顶点着色生成纹理）、Ambient Occlusion（AO 贴图）、Cavity（孔洞贴图）和 Export Mesh（输出多边形网格），如图 9-37 所示。

　　需要输出的贴图有 4 种，即 Normal（法线贴图）、Texture from Polypaint（由顶点着色生成纹理）、Ambient Occlusion（AO 贴图）及 Cavity（孔洞贴图）。这几种贴图都会在 Photoshop 中进行叠加，帮助丰富颜色贴图的细节。

　　同时激活这 4 种贴图，接着点亮 SubTools（为所有显示的 SubTools 输出贴图），此处不点亮，就只能输出当前激活的 SubTools 层中的组件，同时把 Merge Maps（合并贴图）以及 Flip V（V 轴反转）4 个属性点亮，再把 Map Size（贴图尺寸）的数值调整到 4096，如图 9-38 所示。

　　在下方有一个叫作 Export Options（输出选项）的卷展栏，展开后可以看到所有贴图输出的具体设置，需要修改

图　9-37

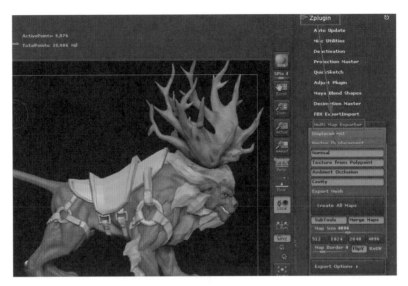

图 9-38

Normal Map（法线贴图）的参数，按照前面章节所讲的法线设置方法，把 Tangent（切线空间法线贴图）以及 SmoothUV（光滑 UV）和 SNormals（光滑法线）都激活。其他贴图使用默认值输出，最后单击 Createe All Maps（创建所有的贴图）按钮，一键即可把所有贴图输出到指定文件夹。此外，Export Options（输出选项）内有一个 Reset（重置）键，它可以让 Multi Map Exporter（多重贴图输出）面板内的所有参数恢复默认值，如图 9-39 所示。

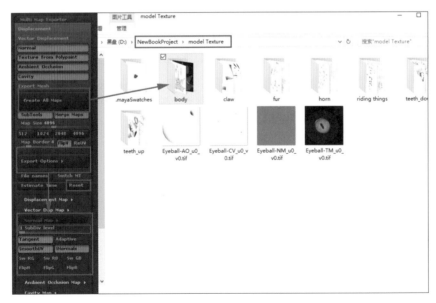

图 9-39

所有输出的贴图都以 SubTools（次级工具）组件的名称为主名，后缀渲染类型的缩写（AO、NM、TM、CV）非常直观。以组件为单位创建并命名文件夹，分门别类地将它们归纳进去以备使用。这里要注意保存的路径内不可以出现中文；否则在后面使用 Maya 渲染时可能会出现读取错误。

第 10 章　使用 Photoshop 制作颜色纹理贴图

制作流程走到了调整贴图的阶段,终于轮到 Photoshop 出场了,它上一次出现还是在绘制草图阶段。这次,需要借助这款专业的图像处理软件为颜色贴图叠加丰富的纹理。

10.1　制作身体部分的颜色贴图

(1) 开启 Photoshop,把颜色贴图、法线贴图、孔洞贴图和 AO 贴图全部打开。这些贴图的尺寸完全相同,对这些贴图分别使用 Ctrl＋A(全选)组合键和 Ctrl＋C(复制)组合键,回到颜色贴图使用 Ctrl＋Shift＋V(原位粘贴)组合键将它们依次整合进颜色贴图内。在图层面板中单独显示颜色贴图层,离开了高模后的贴图看起来少了很多细节,如图 10-1 所示。

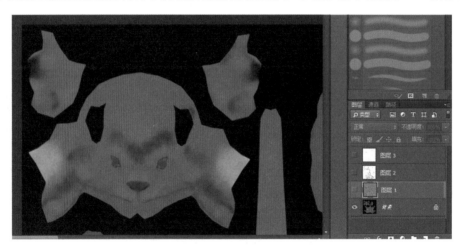

图　10-1

(2) 激活法线贴图的图层,将蓝色的法线贴图去色。按 Ctrl＋Shift＋U(去色)组合键,或者执行"图像"→"调整"→"去色"菜单命令,都可以把法线贴图变为黑白色阶图,这样做是为了在图层叠加时不影响颜色贴图的色相,如图 10-2 所示。

(3) 接着更改图层间的混合模式,制作贴图时最常用的两种混合模式是 Multiply(正片叠底)和 Overlay(叠加)。区别在于使用 Multiply(正片叠底)图像会整体变暗,使用 Overlay(叠加)则会整体提亮,这需要根据实际需求做出选择,如图 10-3 所示。

(4) 只显示底层的颜色贴图和法线贴图,为法线贴图选择 Multiply(正片叠底)的混合模式看看效果。使用 Multiply(正片叠底)的方式叠加法线贴图后,贴图颜色整体变暗,但是细节纹理变得更加丰富,如图 10-4 所示。

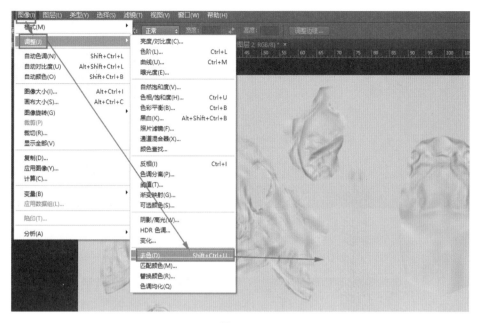

图　10-2

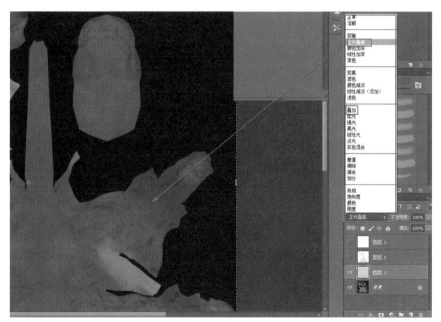

图　10-3

牙齿贴图 PS

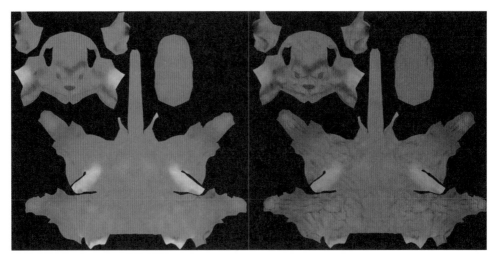

图　10-4

（5）为了便于讲解，双击图层的名称为每个图层重命名，如图 10-5 所示。

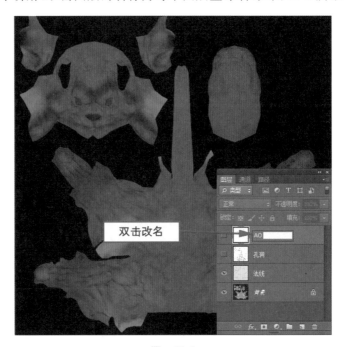

图　10-5

（6）尝试把上层的 AO 贴图和孔洞贴图的混合模式全部切换成 Multiply（正片叠底），这次结果并没有变得更好。相反，孔洞贴图让皮肤上的纹理过于明显，呈现出密密麻麻的黑色。而 AO 图本身就可以增加暗部细节，配合图层混合效果让画面看起来更加昏暗不堪。这些问题需要一步步解决，首先把 AO 层的混合模式改为 Overlay（叠加），提亮整张图片，如图 10-6 所示。

（7）现在来处理孔洞贴图造成的黑色纹理问题，需要先改变它的颜色倾向。激活孔洞层，单击图层面板最下方的创建调整层按钮，单击创建色相/饱和度图层。这时的调整图层可以影响所有在它之下的图层,按住 Alt 键单击孔洞层与调整层之间的位置,将调整层变为孔洞贴图层的附属层,现在它只对孔洞贴图层产生影响,如图 10-7 所示。

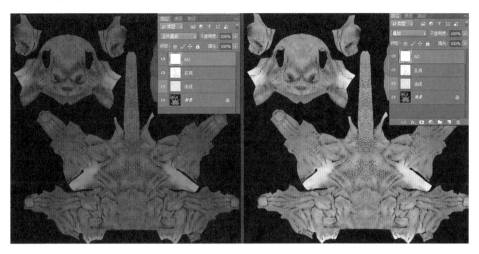

图　10-6

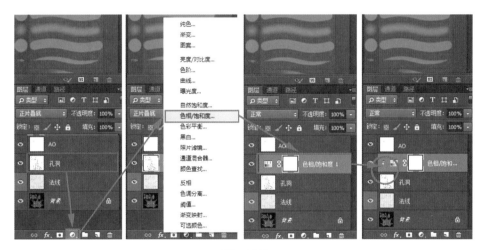

图　10-7

（8）双击色相/饱和度图层的图标,在弹出的调整图层属性面板中勾选"着色"给一个红色的色相,然后大幅增加孔洞图层的明度,少量增加饱和度。现在皮肤纹理变浅,同时发出淡淡的暖色,不再是大面积的黑点了。如果还是觉得颜色太重,可以选中孔洞贴图层,然后把图层面板内的填充值调小,这样皮肤纹理就会进一步变浅,如图 10-8 所示。

（9）现在整体颜色有些偏淡,可以再次创建色相/饱和度调整层,放置在最上面对贴图整体做出调整。另外,AO 层的加入让脸部有些变暗。可以直接选中 AO 层,选择一个虚边笔刷,调整笔刷的不透明度,然后选取白色在脸部位置涂抹即可提亮面部,如图 10-9 所示。

把当前的文件先保存成 .PSD 格式文档,保留图层以备将来调整,然后再将其另存为 .JPG 格式的图片,放置在贴图文件夹内。除了身上的装备外,其他部位都可以使用类似的方式调整颜色纹理贴图。

图 10-8

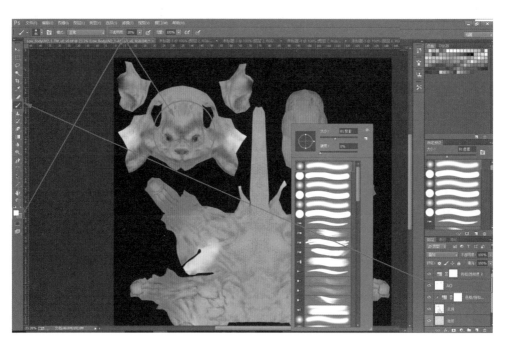

图 10-9

10.2 制作装备贴图

接下来制作装备的颜色贴图，装备贴图中包含皮革与金属两种材质。

（1）现在装备的颜色贴图中只有基础底色及使用 Polypaint（顶点着色）在各个部件的边界处添加的磨损标记。前面与制作身体贴图的步骤相似，先把其他贴图依次导入颜色贴图中，按 Ctrl＋Shift＋U（去色）组合键为法线图去色，如图 10-10 所示。

（2）更改法线贴图的混合模式为 Multiply（正片叠底），现在雕刻的皮革纹理与绘制的磨损标记同时出现在贴图上，如图 10-11 所示。

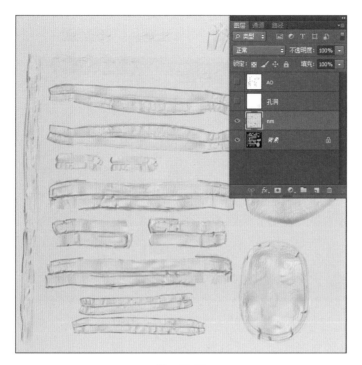

图　10-10

装备贴图绘制

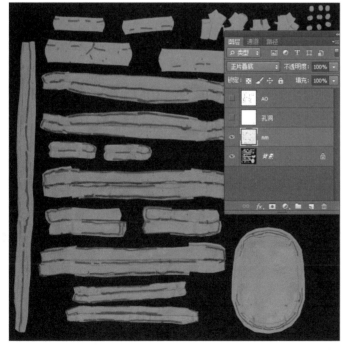

图　10-11

皮革纹理素材

金属纹理素材

（3）叠加皮革的底纹，将搜集到的皮革素材纹理图片平铺在贴图画面中，因为这里的贴图尺寸比较大，很难找到与之匹配的纹理图片，需要将纹理图片多次复制拼接成一张大图。

用 Alt 键配合 Photoshop 的移动工具，能在移动素材的同时将其复制成新的副本。多复制几份素材直至能覆盖贴图中所有皮革制品为止，如图 10-12 所示。

图　10-12

（4）把复制出来的皮革副本全部选中，在图层面板中右击，从弹出的快捷菜单中选择"合并图层"命令，将所有的皮革素材图层合并成一层，如图 10-13 所示。

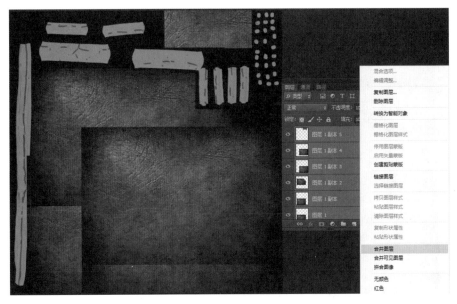

图　10-13

（5）由于找到的素材图片有暗色压脚效果，所以拼接后的图片边界十分明显，借助Photoshop 的"修补工具"将修正素材的接缝。修补工具可以看作图章工作的升级版，先用修补工具将需要修正的接缝框选出来。在选框内按住鼠标左键不放，拖曳到复制的目标处松开鼠标。按 Ctrl＋D 组合键取消选区，现在选框内的接缝就不见了，而且选框边缘过渡非常自然，重复操作直至整张素材自然地融为一体，如图 10-14 所示。

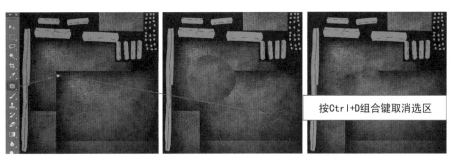

图　10-14

（6）将调整好的皮革素材图片混合模式改为 Multiply（正片叠底），并把图层的填充值调低，设为 46%。现在，素材本身的纹理和法线贴图中的纹理共同作用，贴图表面纹理效果更加丰富了，如图 10-15 所示。

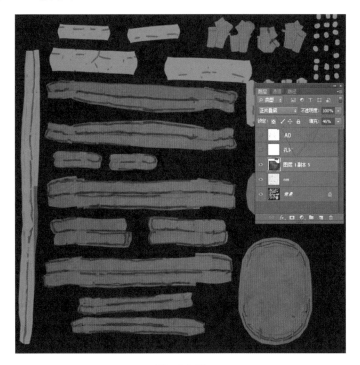

图　10-15

（7）将孔洞图层的混合模式改为 Multiply（正片叠底），并为其添加色相/饱和度调节层，将孔洞贴图改成暖色，如图 10-16 所示。

（8）将 AO 贴图的图层混合模式改为 Multiply（正片叠底），并降低填充值为 36%，让贴图能淡淡地看到暗部阴影，如图 10-17 所示。

（9）制作磨损的效果。选中颜色贴图所在图层，按 Ctrl+J（复制图层）组合键，把颜色贴图层复制一份并放置在图层面板最上层。按 Ctrl+Shift+U（去色）组合键为复制出的颜色图层去色，然后按 Ctrl+I（反向）组合键，让图片的深浅颜色反转。现在模型上绘制的黑色标记已经变成了白色，如图 10-18 所示。

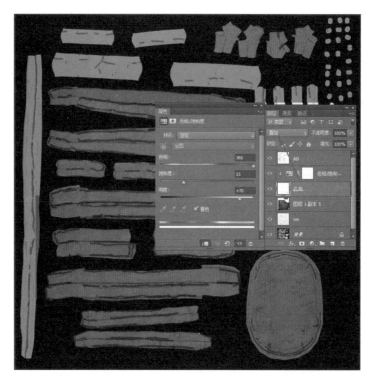

图　10-16

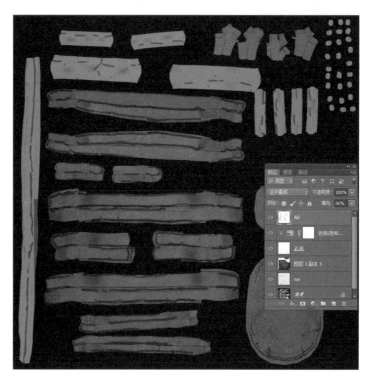

图　10-17

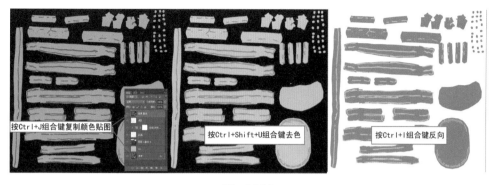

按Ctrl+J组合键复制颜色贴图　　　按Ctrl+Shift+U组合键去色　　　按Ctrl+I组合键反向

图　10-18

（10）将复制出的背景副本图层混合属性改为 Overlay（叠加），现在可以看到之前画的磨损标记全部消失，露出了法线贴图上的雕刻纹理，如图 10-19 所示。

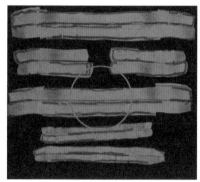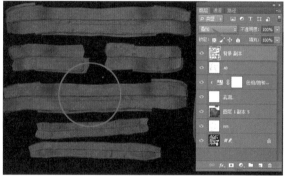

图　10-19

（11）为背景副本图层添加一个曲线调节层作为附属层，在它的属性面板中改变曲线的弧度，现在绘制的磨损标记颜色变得比周围更淡、更明显，如图 10-20 所示。

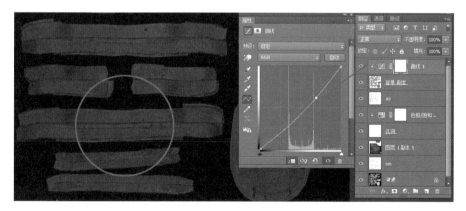

图　10-20

（12）为绘制皮革的亮部做准备，在图层的最上方添加一个曲线调整层，修改曲线的弧度提亮整个画面。将前景色改为白色，背景色改为黑色，按 Ctrl＋Del（填充背景色）组合键为曲线调整层里的蒙版填充黑色，现在画面恢复到了调节曲线弧度之前的亮度，如图 10-21 所示。

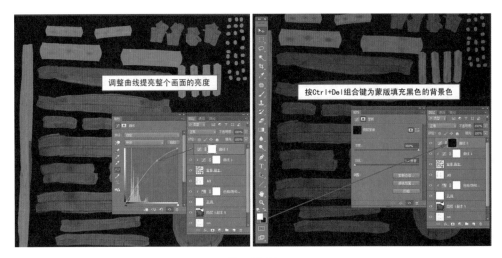

图 10-21

建议：

当前填充的蒙版所针对的是曲线调节层，蒙版中只存在由黑至白的色阶，它的作用是界定出调节层在画面中控制的区域。蒙版的基本口诀是"黑透白不透"。解释起来，黑色代表"透明"或者 0 值，白色代表"不透明"和 1 值，灰色则代表着 0~1 的数值。更直白的说法是在蒙版的黑色区域，调节层完全不起作用。而在蒙版的白色区域，调节层可以正常使用。如果有灰色区域则根据灰色的深度确定影响的强弱。

（13）激活最上层曲线调节层的蒙版，选择画笔前景色设置为白色，在贴图中做过标记的地方用小尺寸笔刷绘制，笔刷的不透明度可以适当降低。涂抹过的区域蒙版变为白色，在这些区域曲线调节层开始生效，这些地方变得更加明亮，进一步增强颜色贴图的层次感，如图 10-22 所示。

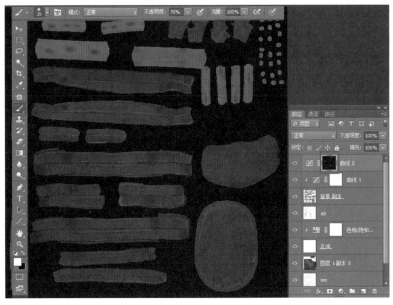

图 10-22

（14）皮革部分的贴图已经绘制得差不多了，现在图层面板中的图层数量比较多，需要对图层进行归类，方便后面的调整。在图层面板下面单击新建文件夹按钮，创建一个文件夹，将除背景以外的所有图层都放置进去，并为文件夹重命名，如图 10-23 所示。

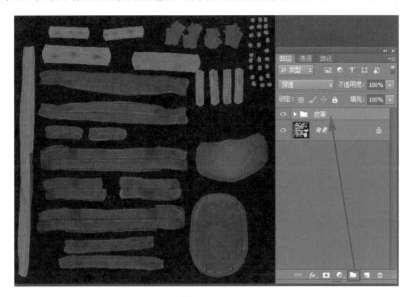

图　10-23

（15）制作金属部分的贴图，步骤基本与皮革贴图的制作方法相同。先找到素材，拼接好之后，覆盖金属部件并将皮革区域的部分删除。可将图层的填充值暂时调低，以方便确认金属组件的位置，如图 10-24 所示。

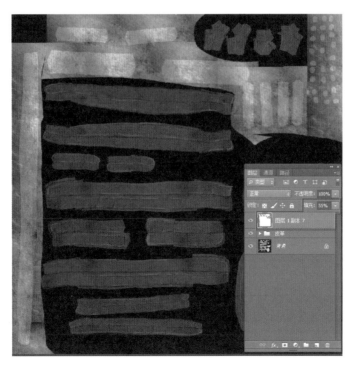

图　10-24

（16）找到的金属素材颜色倾向不够明显，为金属材质层加一个色相/饱和度的附属层。在弹出的属性面板中勾选"着色"复选框，给一个偏冷的色相，如图 10-25 所示。

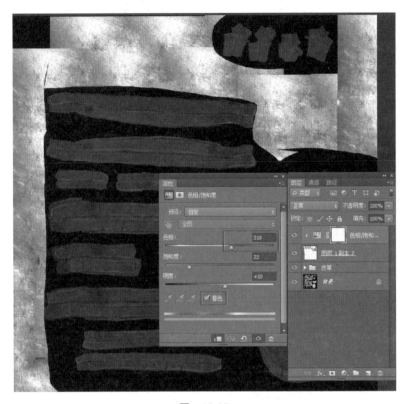

图　10-25

（17）为金属层再添加一个曲线调节附属层，调整曲线弧度提亮金属部分。选中曲线调节层中的蒙版，为其填充黑色，暂时让提亮效果透明化，如图 10-26 所示。

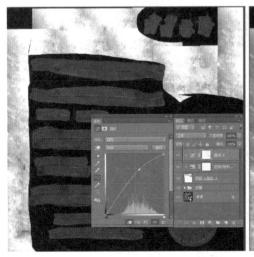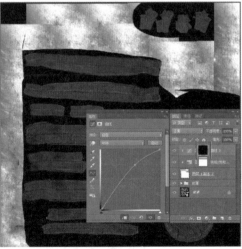

图　10-26

（18）调低金属材质图层的不透明度,以方便参考下方 UV 坐标信息。再激活上方曲线调节层的蒙版,用白色画笔涂抹出金属部件的亮部。恢复金属素材层的不透明度至 100%,由于金属组件上面没有太多细节,所以现在金属部件的贴图已经制作完成,如图 10-27 所示。

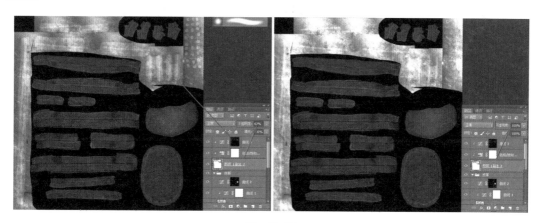

图 10-27

（19）修改色相,让组件看起来更丰富一些。先来修改皮革部分,选中皮革文件夹,在上面创建一个色相/饱和度调节层。选中调节层的蒙版,用黑色将其填充,现在整个调节层已经透明,如图 10-28 所示。

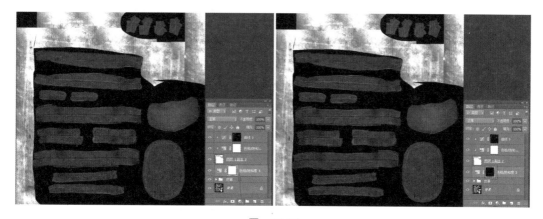

图 10-28

（20）用套索工具将马鞍的 UV 图选中,然后为色相/饱和度调节层的蒙版填充白色,现在色相/饱和度调节层就能在马鞍贴图的位置起作用了,如图 10-29 所示。

（21）双击色相/饱和度调节层的图标,调出"属性"面板。勾选"着色"复选框,为马鞍调整色相,让它看起来与其他部分稍有不同,如图 10-30 所示。

（22）接着修改金属素材部分的色相。之前已经为金属层添加过一个色相/饱和度调节层,并且利用它为金属素材整体修改了色相。现在再建一个色相/饱和度调节层,并将其在图层面板中置顶。为色相/饱和度调节层的蒙版填充黑色,让它的效果透明,如图 10-31 所示。

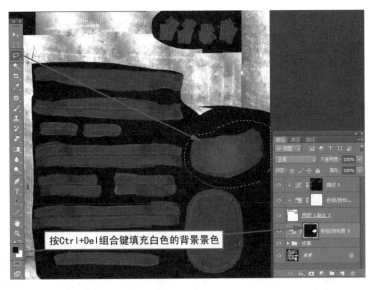

图 10-29

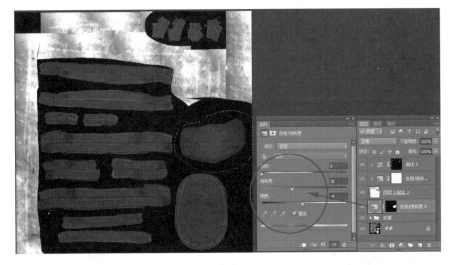

图 10-30

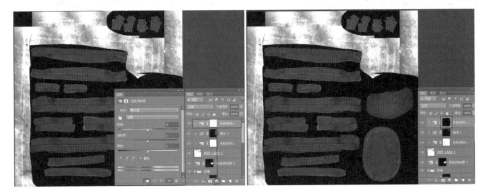

图 10-31

（23）用选区工具，将马鞍的金属边沿选中，在新建的色相/饱和度调节层的蒙版中填充白色，现在调节层就可以对这个区域产生影响了，如图 10-32 所示。

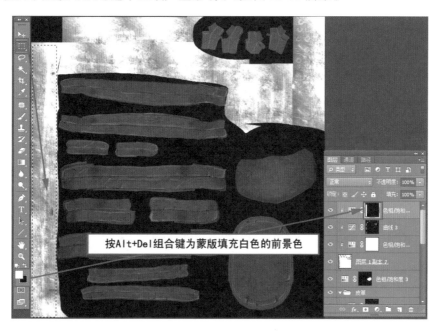

按Alt+Del组合键为蒙版填充白色的前景色

图　10-32

（24）激活色相/饱和度调节层的图标，在弹出的"属性"面板中勾选"着色"复选框，为马鞍的金属边沿调节一个暖色的色相，如图 10-33 所示。

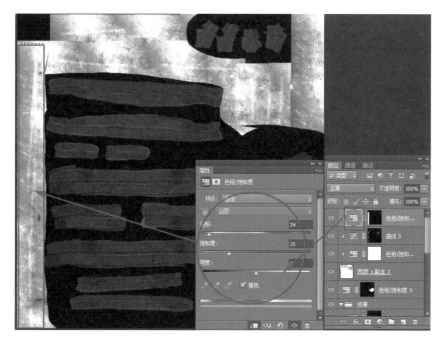

图　10-33

（25）至此，装备贴图就全部制作完成了。稍作调整将其另存为一张.JPG格式的图片，放置于贴图文件夹内。贴图的制作过程有些烦琐，在视频内提供了完整的制作过程，以供大家参考，如图10-34所示。

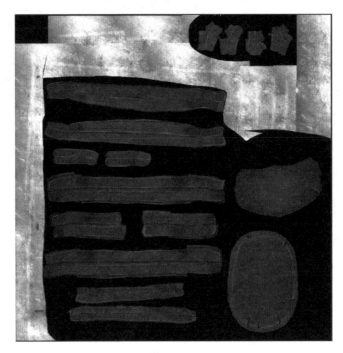

图　10-34

10.3　高光贴图的制作

材质贴图调整全部完成后，就可以在材质贴图的基础上制作高光贴图。高光贴图的制作过程非常简单，却很重要。它可以控制物体的高光强度和高光区域，拉开模型的整个层次。

除了鹿角这种不反光的物体不需要高光贴图外，皮肤、毛发、装备甚至牙齿的模型都需要绘制高光贴图。

以皮肤为例来看看高光贴图是如何制作的。

打开制作好的颜色贴图，按Ctrl+Shift+U（去色）组合键，在其上面新建一层，填充一个比较暗的灰色，使用正片叠底的方式混合图层。再次新建一层，在上面用浅色轻轻涂抹。把需要高光的部位提亮。一般来说，高光会出现在结构的凸起处，所以把怪物的鼻头、眉弓、眼袋、脸颊以及嘴部的前端画亮，这些部分的亮度又有所区分。以鼻头和眉弓最亮，脸颊、眼袋其次，最暗的部分属于嘴巴周围，这样就能拉开面部的层次，如图10-35所示。

绘制完所有部位的高光贴图后，分门别类地放置在各部位的贴图文件夹内，至此调整贴图的全部工作结束。

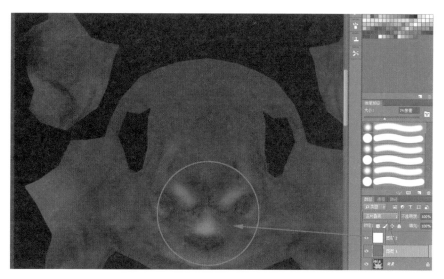

图　10-35

第 11 章　Maya 的材质、摄像机、灯光及渲染器

经过前面的努力，终于要把之前所做的一切在 Maya 中进行整合，本章学习如何建立模型与贴图之间的联系，怎样使用 3S 材质以及如何创建摄像机并渲染出摄像机视图。

11.1 在 Maya 内为低模赋予材质

（1）在 ZBrush 中把需要输出至 Maya 的模型全部显示出来，在 Tool(工具)菜单内单击 GoZ 旁边的 Visible(可视)把场景中能看到的模型一次全部输出至 Maya，如图 11-1 所示。

图　11-1

（2）在 Maya 中选择 Window(窗口)→Rendering Editors(渲染编辑)→Hypershade(材质超图)菜单命令，打开窗口，使用它为模型赋予材质。打开后发现里面已经有了很多材质球，这是 GoZ 为每个被导入的 SubTool(次级工具)组件自动生成的，在 ZBrush 中绘制的原始颜色贴图也与这些材质球作了连接。不过需要的是在 Photoshop 中合成处理过的贴图，所以来看看如何重新为模型指定材质与贴图，如图 11-2 所示。

（3）以骑具装备为例添加各种贴图，在 Hypershade(材质超图)窗口创建一个 Phone 材质，因为骑具的材质大部分由皮革构成，Phone 材质的高光能比较好地模拟皮革的效果。双击材质球，或者选中它后按 Alt+A 组合键，打开 Phone 材质的属性面板。在里面有 3 个重要的属性：Common Material Attributes(公用材质属性)卷展栏内的 Color(颜色)，它将被赋予材质纹理贴图；相同卷展栏内的 Bump Mapping(凹凸贴图)，它会被赋予法线贴图；还有一个是位于 Specular Shading(高光属性)卷展栏内的 Specular Color(高光颜色)，它会得到高光贴图，如图 11-3 所示。

图　11-2

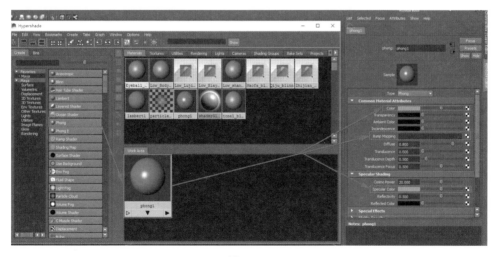

图　11-3

（4）为 Color(颜色)属性指定颜色贴图，单击 Common Material Attributes(公用材质属性)→Color(颜色)属性后面的棋盘格图标，在弹出的 Create Render Node(创建渲染节点)的面板内选择 File(文件)节点，如图 11-4 所示。

（5）在弹出的 File(文件)属性面板中单击 File Attributes(文件属性)→Image Name(图片名称)一栏后面的文件夹图标□，如图 11-5 所示。

图 11-4

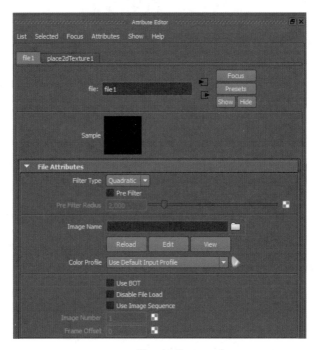

图 11-5

（6）在弹出的 Open（打开）窗口内找到装备颜色纹理贴图的路径，选择颜色贴图，单击 Open（打开）按钮。这样颜色纹理贴图就赋予了 Phone 材质球的 Color（色彩）属性，如图 11-6 所示。

（7）为材质球加入法线贴图。双击 Phone 材质球再次来到它的属性面板，打开 Common Material Attributes（公用材质属性），单击 Bump Mapping（凹凸贴图）属性后面的棋盘格按钮，再次指定 File（文件节点），如图 11-7 所示。

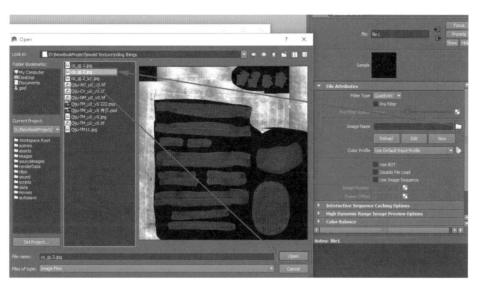

图　11-6

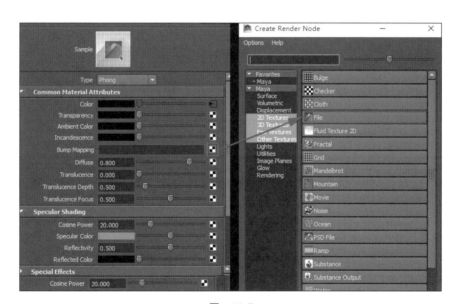

图　11-7

（8）在弹出的 Bump（凹凸）属性面板中指定贴图的类型，展开 2d Bump Attributes（2D 凹凸属性），在 Use As（用作为）下拉列表框中选择 Tangent Space Normals（切线空间法线）选项，如图 11-8 所示。

（9）选择完贴图形式，由上方进入 File（文件）选项卡，单击 File Attributes（文件属性）中 Image Name（图片名称）后面的文件夹图标▢，指定法线贴图所在的位置，如图 11-9 所示。

（10）双击 Phone 材质球，回到材质球的属性面板。为 Specular Shading（高光属性）卷展栏内的 Specular Color（高光颜色）指定 File（文件）节点，连接高光贴图。具体方法同添加颜色纹理贴图，这里就不重复了，如图 11-10 所示。

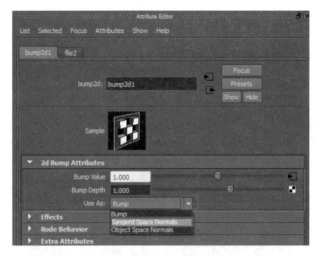

图 11-8

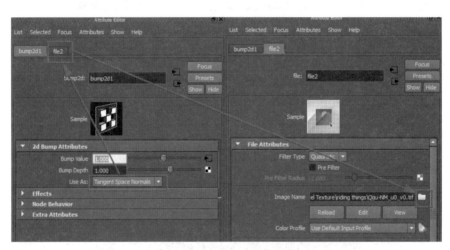

图 11-9

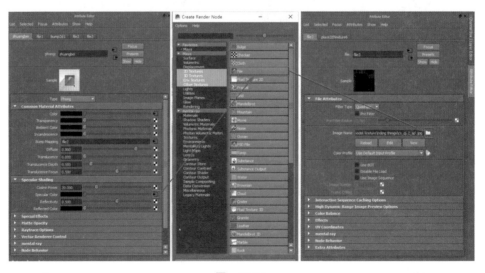

图 11-10

（11）贴图连接完成后，整理 Phone 材质球上的节点。选中 Phone 材质球的图标，单击上方 Hypershade（材质超图）窗口中常用工具中的 Rearrange Graph（对齐图表）工具，软件会自动排列 Phone 材质球内包含的材质节点，如图 11-11 所示。

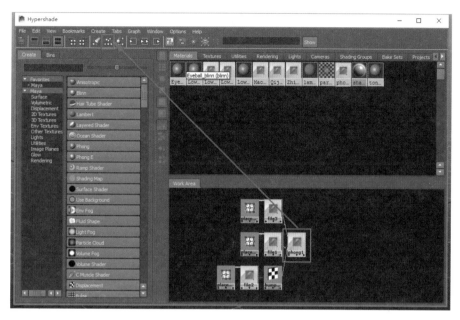

图　11-11

　　（12）在 Phone 材质球上右击，从弹出的热盒内选择 Rename（重命名）为材质重新命名，以方便查找和管理，重命名必须为英文或拼音；否则 Maya 会报错，如图 11-12 所示。

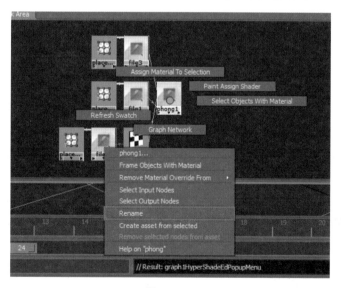

图　11-12

　　（13）将材质球指定给装备模型，激活装备模型，同时在 Phone 材质球上右击（不需要选择材质球，只要鼠标停留在材质球的区域内即可），从弹出的热盒内选择 Assign Material To

Selection（指定材质给当前选中的物体），材质被赋予模型，如图11-13所示。

图　11-13

现在对赋予材质的模型进行渲染测试，本书中所说的渲染器都是指 mental ray 渲染器，因为 Maya 默认的 Software（软件）渲染器无法渲染法线贴图，它只能把法线贴图当作普通的凹凸贴图处理。

（1）mental ray 渲染器在 Maya 中默认是关闭的，选择 Window（窗口）→Settings/Preferences（设置与参数）→Plug-in Manager（插件管理）菜单命令，从弹出的窗口中找到并勾选 Mayatomr.mll 后面的选项，让 Maya 加载 mental ray 渲染器，如图11-14所示。

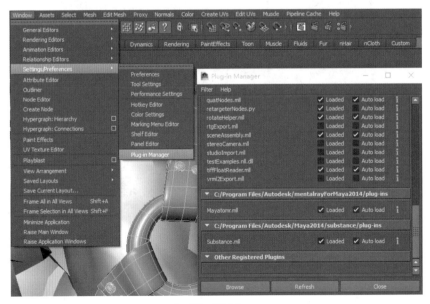

图　11-14

（2）选择装备模型，按数字键 3，让模型进入光滑显示，mental ray 渲染器无须使用 Smooth（光滑）命令就能直接渲染出当前光滑显示的效果。单击工具架上的渲染当前帧工具，在弹出的 Render View（渲染视图）窗口中选择 mental ray 渲染器。单击 Render View（渲染视图）窗口中的渲染当前帧图标，可以看到在法线贴图的作用下，装备的低模展现出了包括划痕和破损在内非常多的细节，如图 11-15 所示。

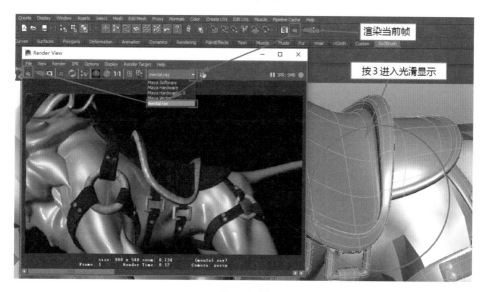

图　11-15

毛发和牙齿的模型都可以用相同的方法创建材质球并指定给模型。鹿角本身材质非常粗糙，既不会反光也没有制作高光贴图，所以给它指定 Lambert 这种没有高光的材质球，只链接 Bump Mapping（凹凸贴图）和 Color（颜色）这两个属性即可。

11.2　使用 3S 材质制作更加通透的皮肤效果

为了获得更好的渲染效果，使用 mental ray 渲染器的 3S 材质制作皮肤。前面已经加载过 mental ray 渲染器，现在打开 Window（窗口）→ Rendering Editor（渲染编辑）→ Hypershade（材质超图）窗口就以看到新增加的 mental ray 材质球。

（1）激活 Create（创建）面板中的 mental ray，在旁边的众多材质球中选择 misss_fast_skin_maya 材质球，将它调入 Work Area（工作区），为了方便讲解，后面统称它为 3S。大名鼎鼎的 3S 效果是 Subsurface Scattering（次表面散射）的缩写，这种现象一般会发生在半透明或者结构薄弱的物体中。像对着太阳观察手掌，会发现在强光照射下手掌好像变得有些透明了，能隐隐看到皮肤下的血管，使用这种效果的材质能让模型皮肤更加通透，如图 11-16 所示。

（2）选中模型，在 3S 材质球的上方右击调出热盒，选择其中的 Assign Material To Selection（指定材质至所选物体），把材质赋予模型。现在，场景内的模型呈现出红色，证明 3S 材质已经生效，如图 11-17 所示。

（3）双击 3S 材质球，在其属性面板中看到它最有特色的部分都集中在 Subsurface

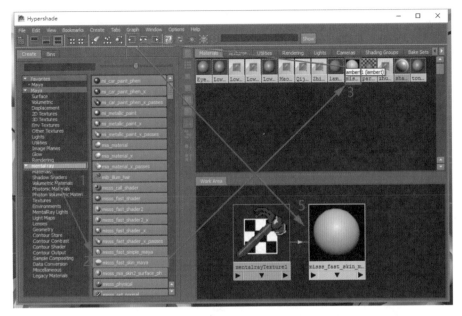

图　11-16

图　11-17

Scatter Color(次表面散射颜色)卷展栏内。这里主要分成 3 个部分，分别代表皮肤的不同层次。最上面的是 Epidermal Scatter Color(皮上散射颜色)，可以把它理解成皮肤的表皮颜色。往下是 Subdermal Scatter Color(皮下散射颜色)，这就是表皮下的真皮层色彩了。一般来说，由于毛细血管的关系，皮下组织有时会表现出偏冷的色彩。第三部分是 Back Scatter Color(背面散射颜色)，它指的是模型边界的色彩，会让模型的边界看起来比较通透，如图 11-18 所示。

（4）调节这些参数一般是由下向上调节，这样在测试渲染时就不会受到皮肤上层散射的影响。所以先来调节 Back(背面)的参数，为避免干扰，首先将 Epidermal(皮上)和

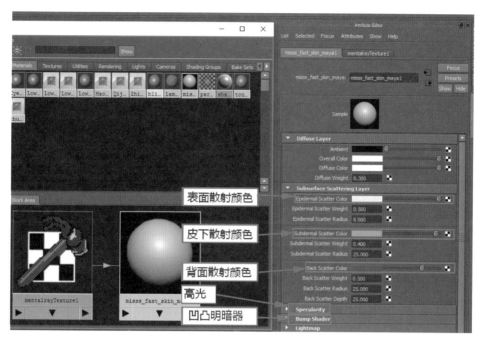

图　11-18

Subdermal(皮下)的 Weight(权重)值调为 0,这样上面两层皮肤就不再起作用,然后把 Specularity(高光)内的 Overall Weight(整体权重)也设置为 0,这样皮肤的高光也消失了。现在可以在渲染视图中好好观察 Back(背面)参数改变带来的变化。其中的 Back Scatter Depth(背光散射深度)不宜过大,这样可以让背光集中在模型的边界处,如图 11-19 所示。

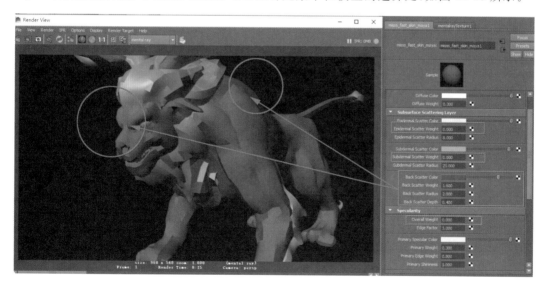

图　11-19

（5）现在加入颜色纹理贴图看看效果。首先给 3S 属性面板上方 Diffuse Layer(漫射图层)中的 Overall Color(整体颜色)属性贴一张颜色纹理贴图。单击 Overall Color(整体颜色)滑条后面的棋盘格图标,通过 File(文件节点)添加颜色纹理贴图,如图 11-20 所示。

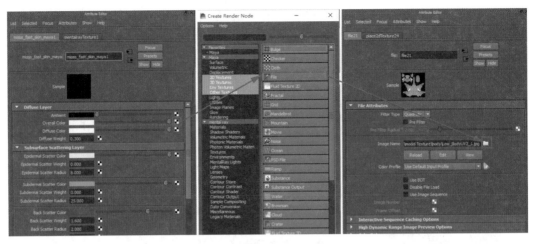

图　11-20

（6）渲染当前帧测试效果，现在模型的边缘处已经出现了淡淡的红色，但渲染图颜色比较黯淡，需要整体提升画面亮度，如图 11-21 所示。

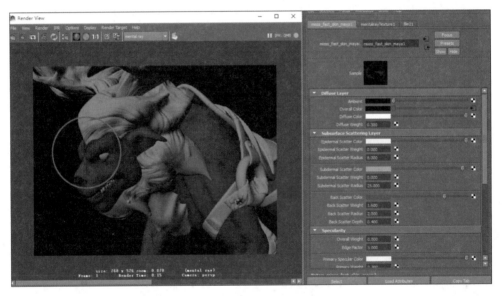

图　11-21

（7）为 3S 材质面板中 Diffuse Layer（漫射图层）中的 Diffuse Color（漫射颜色）同样添加颜色纹理贴图，提升皮肤整体亮度。当多个属性都需要同一张贴图时，只需要将这个贴图节点在 Hypershade（材质超图）面板中进行复制即可，无须每次都从软件外部导入。进入 Hypershade（材质超图），选中已经链接在 3S 材质球上的颜色纹理贴图节点，按 Ctrl＋D 组合键复制一份出来，如图 11-22 所示。

（8）双击 3S 材质球，激活其属性面板，在刚复制出的节点上用鼠标中键拖曳至 Diffuse Layer（漫射图层）的 Diffuse Color（漫射颜色）栏中，松开鼠标，整个操作过程中不要使用鼠标左键选择颜色纹理节点，如图 11-23 所示。

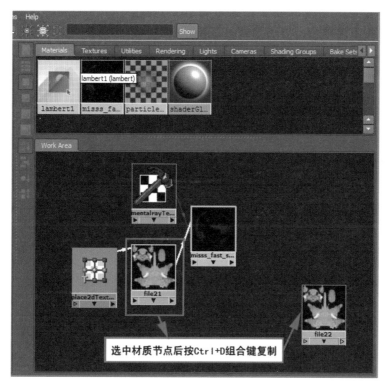

图　11-22

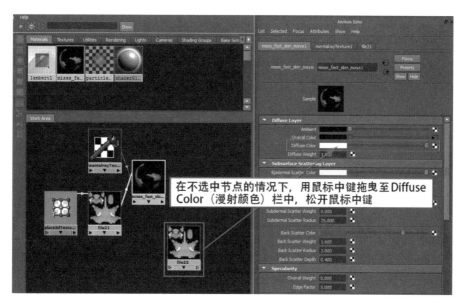

图　11-23

（9）调整 Diffuse Weight（漫反射权重）为 0.6，再次渲染，得到的皮肤比之前有所提亮，如果还是觉得暗，可以适当提升 Diffuse Weight（漫反射权重）的数值，如图 11-24 所示。

（10）3S 材质将皮肤分成了多个层次，每个层次都要有颜色纹理贴图与其对应。回到

Hypershade(材质超图),按 Ctrl+D 组合键把颜色纹理贴图再复制两份,分别用鼠标中键赋予 3S 属性面板中的 Epidermal Scatter Color(皮上散射颜色)和 Subdermal Scatter Color(皮下散射颜色),适当调整它们的散射权重与散射半径的参数,皮下部分因为受到皮上贴图的影响,各项参数要适当大一些才能在渲染中看到效果,如图 11-25 所示。

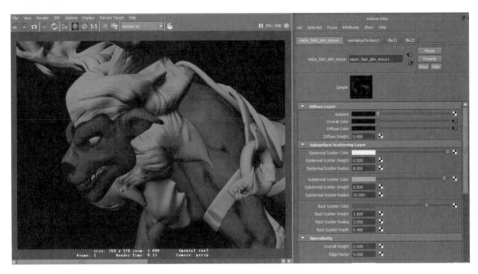

图 11-24

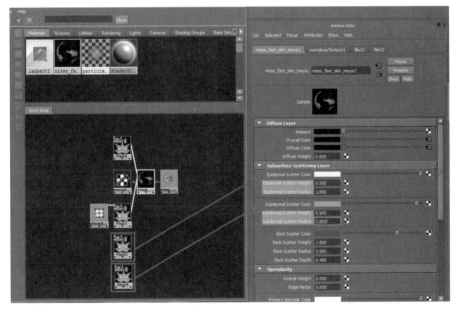

图 11-25

(11) 皮下组织受到血管影响色调会偏冷,单击 Subdermal Scatter Color(皮下散射颜色)后方的跳转图标,属性面板被切换到输入图片的界面,调整 Color Balance(色彩平衡)中的 Color Gain(色彩增益)滑条前的色块,在弹出的取色器面板中指定蓝紫色,如图 11-26 所示。

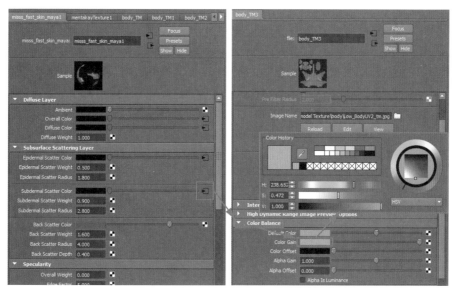

图　11-26

（12）通过 Hypershade（材质超图）可以看到，更改色相的操作只针对当前的颜色纹理节点，它不会影响其他复制出的纹理节点，当然更不会影响保存在贴图文件夹内的源文件。再渲染一次看看效果，已经比之前有了较大提升，皮肤看起来有干净、通透的感觉，如图 11-27 所示。

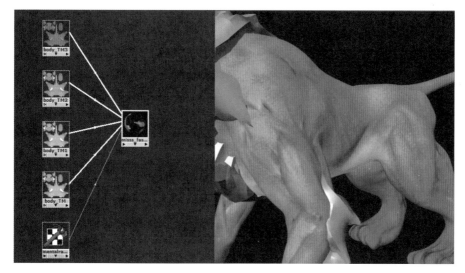

图　11-27

（13）把高光贴图赋予 Specularity（高光）中的 Primary Specular Color（主要高光色）属性，同时输入 Primary Weight（主要高光权重），数值为 0.3。把法线贴图赋予 Bump Shader（凹凸明暗器）中的 Bump（凹凸）属性，凹凸方式选择 Tangent Space Normals（切线空间法线）。具体指定材质的方法不再重述，最后渲染查看皮肤效果，如图 11-28 所示。

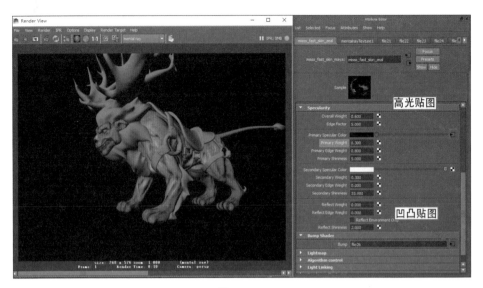

图　11-28

11.3　Maya 摄像机与渲染面板设置

　　创建一个多边形的面片，作为地面放置于模型脚下，用来接受模型的投影，让它看起来更有分量。有了这个简单的场景之后看看如何设置摄像机与渲染器。

　　（1）选择 Create（创建）→Cameras（摄像机）→Camera（摄像机）菜单命令，在场景内创建一架摄像机，软件会自动将其命名为 camera1，如图 11-29 所示。

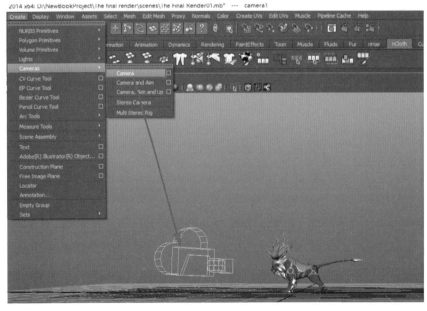

图　11-29

渲染设置

（2）选择新建的摄像机，在当前视窗中单击 Panels（面板）→Look Through Selected（通过所选物体观察）命令，现在进入了 camera1 的视图，通过它来观察模型，如图 11-30 所示。

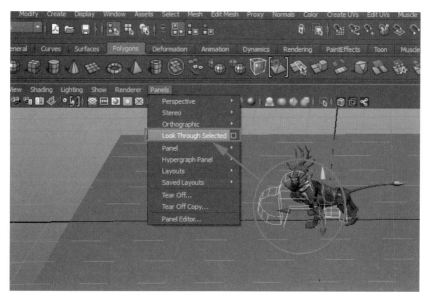

图　11-30

（3）在 camera1 视图内，选择 View（视图）→Camera Settings（摄像机设置）菜单命令，勾选 Safe Action（动作安全框）和 Vertical（显示出垂直距离）这两个复选框，现在就可以看到摄像机所能渲染的区域了，用这个安全框进行画面构图，如图 11-31 所示。

图　11-31

（4）在 camera1 的视图中选择 View（视图）→Select Camera（选择摄像机）菜单命令，现在 Channels（通道栏）中出现了 camera1 的属性，用鼠标左键将 camera1 的属性全部选中。然后右击，从弹出的快捷菜单中选择 Lock Selected（锁定所选属性）命令，现在通道栏内摄像机的所有属性全部被锁定无法修改，这样就能保证摄像机的位置固定不动，如图 11-32 所示。

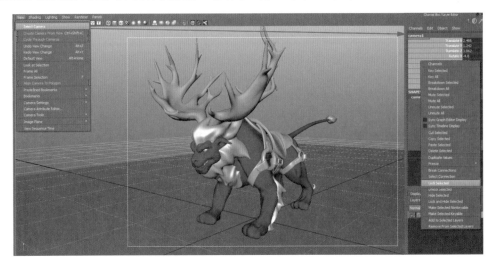

图　11-32

（5）单击工具架上的 Render Settings（渲染设置）图标，打开 Render Settings（渲染设置）参数窗口，在 Render Using（渲染使用）里面确保当前使用的是 mental ray 渲染器。把 Common（共用）选项卡中 Renderable Cameras（可渲染摄像机）设置为刚才创建的摄像机。再到 Image Size（图像尺寸）中根据需要对 Width（宽度）和 Height（高度）进行设置，确定最终渲染画面的尺寸，如图 11-33 所示。

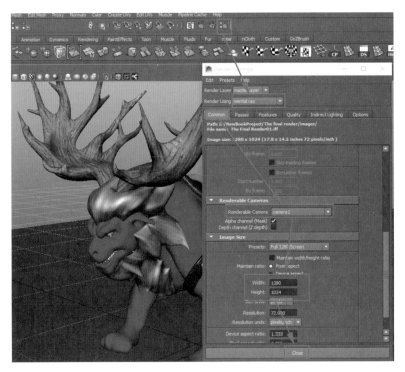

图　11-33

（6）在 camera1 视图中，选择 View（视图）→Select Camera（选择摄像机）菜单命令，按 Ctrl＋A 组合键切换至 camera1 的属性面板。打开 cameraShape（摄像机形状）选项卡，在 Environment（环境）卷展栏内把 Background Color（背景色）的滑条拖曳至最右侧，现在 Background Color（背景色）显示为白色，这步操作能让渲染出的图片为白色背景，如图 11-34 所示。

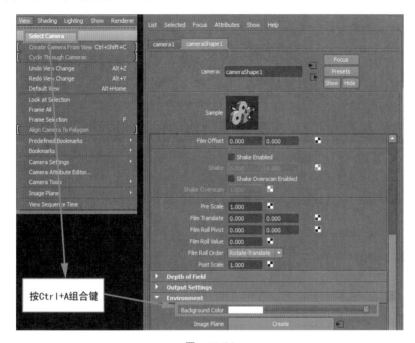

图　11-34

（7）选择 Window（窗口）→Rendering Editor（渲染编辑）→Hypershade（材质超图）菜单命令，打开窗口在 Maya 自带的材质内，选择 Use Background（使用背景）材质，并把它赋予地面。这个材质会让地面变得与背景融为一体，同时保留地面接受模型投影的能力，如图 11-35 所示。

图　11-35

（8）单击渲染当前帧按钮，进行渲染测试。画面中背景与地面融为一体，非常纯净，有助于突出场景中的物体。能看到低模较好地模拟出了高模丰富的细节，但是当前场景使用的是默认灯光，模型虽有明暗关系，但彼此之间不会产生投影，整体缺乏体积感，如图 11-36 所示。

图　11-36

11.4　三点布光法与灯光的设置

默认灯光能让我们看到贴图的大致效果，但是默认灯光不会在物体上留下投影，所以画面整体感觉缺乏层次感，为了渲染画面使之观赏性更强一些，需要为场景进行布光。

这里选择传统的三点布光法，它是诞生时间最早的三维布光方法，也是相对较容易控制的照明方式。

首先了解一下三点布光法的来历及特点。之所以说它诞生最早，是因为它是由第二次世界大战时期电影中流行的三点灯光方案转化而来。三点布光指的是场景中的灯光大致可以分成主光源、辅助光源和背景光源 3 种用途。主光源负责照亮物体的亮部，并且负责投射阴影。辅助光一般来说强度要弱于主光源，它负责照亮物体的暗部，让暗部充满细节和透气感。背景光负责勾勒出物体的轮廓，让模型从黑暗或者混乱的背景中分离出来，如图 11-37 所示。

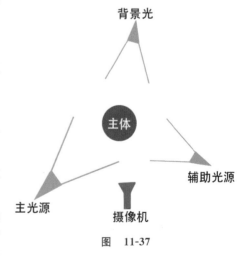

图　11-37

建议：

三点布光指的是场景中灯光的 3 种用途，并非说场景中只能有 3 盏灯。可能会有多盏灯用作辅助光源的情况存在。另外，场景中的主光源也不一定是灯光强度最强的，有可能为了勾勒出明确的轮廓，会出现强度非常高的背景光。所以，一定要根据场景需要灵活地安排灯光。

下面开始为场景设置三点光源。

（1）创建主光源，在 Maya 中按数字键 7，让场景进入灯光显示模式，在工具架上的 Rendering（渲染）选项卡内选择创建 Spot Light（聚光灯），放置在摄像机的左侧，选中 Spotlight（聚光灯），按 T 键，激活灯光的目标手柄，将目标手柄放置于模型上，如图 11-38 所示。

图　11-38　　　　　　　　　　　　　　　　　三点布光

（2）单击渲染当前帧图标，使用的渲染器为 mental ray，在弹出的 Render View（渲染窗口）中观察设置了主光源后的画面效果。当前是在透视图中，如果要渲染之前创建的摄像机视图，需要选择 Render View（渲染窗口）中的 Render（渲染）→Render（渲染）→camera1 菜单命令，切换渲染视图。现在画面中的模型由于组件相互间产生了投影效果，画面整体已经比之前显得更加厚重了。但缺点是明暗关系比较平淡，缺乏一些戏剧性效果，如图 11-39 所示。

（3）选中作为主光源的 Spot Light（聚光灯），按 Ctrl＋A 组合键打开它的属性面板，调节 Spot Light Attributes（聚光灯属性）中的 Intensity（灯光强度）至 1.6，让主光源的照射更加强烈，再适当调高 Dropoff（衰减）的数值。现在重新渲染，可以看到画面中亮部更加明亮，同时迅速衰减进入暗部，画面整体的明暗对比更加强烈，如图 11-40 所示。

（4）再创建一盏 Spot Light（聚光灯），作为场景的辅助光源。将其放置在摄像机的右侧，按 T 键调出目标手柄，放置在模型的暗部。按 Ctrl＋A 组合键打开它的属性面板，将

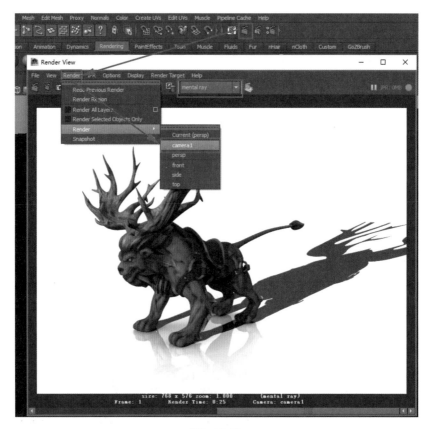

图 11-39

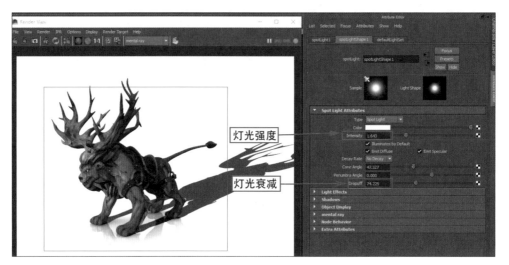

图 11-40

Spot Light Attributes（聚光灯属性）中的 Intensity（灯光强度）降低至 0.8。关闭 Emit Specular（发射高光），辅助光源的作用只是为暗部照明，提供丰富的暗部细节。如果它和主光源同时照射出物体的高光，会让整个画面变得混乱，如图 11-41 所示。

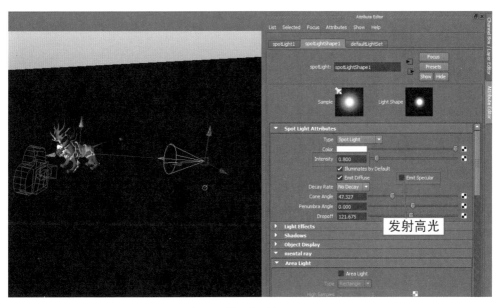

图　11-41

（5）渲染当前画面，观察存在的问题。现在模型的暗部还是太亮，与亮部拉不开层次。另外，由于灯光阴影默认是开启的，地面上出现了交叉的投影。回到辅助灯光的属性面板，继续降低 Intensity（灯光强度）至 0.6，取消勾选 Shadows（阴影）中的 Raytrace Shadow Attributes（光线追踪阴影）下的 Use Ray Trace Shadows（使用光线追踪阴影）复选框，现在辅助光源只能提供照明，却无法产生阴影了，如图 11-42 所示。

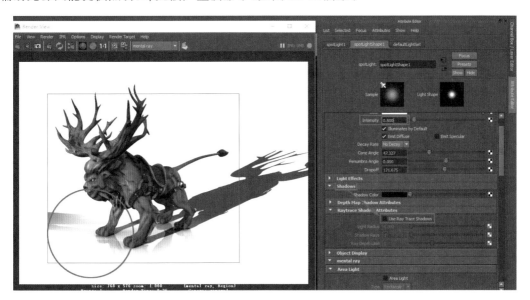

图　11-42

（6）建立背景光，创建一盏 directionalLight（平行光）放置于模型的后方，作为场景的背景光。按 Ctrl＋A 组合键进入背景光的属性面板，将 Directional Light Attributes（平行光属性)→Intensity(灯光强度)增强至 5。关闭下面的 Emit Diffuse(发射漫反射)，因为背光的作用是勾勒目标的轮廓，不需要用漫反射增强整个场景，如图 11-43 所示。取消勾选 Shadows (阴影)中 Raytrace Shadow Attributes(光线追踪阴影)下的 Use Ray Trace Shadows(使用光线追踪阴影)复选框。

图　11-43

(7) 调节各个光源的色相。主光源设置为暖色，辅助光设置为冷色，背景光使用一个亮色。光线冷暖的变化能进一步提升画面的层次感，如图 11-44 所示。

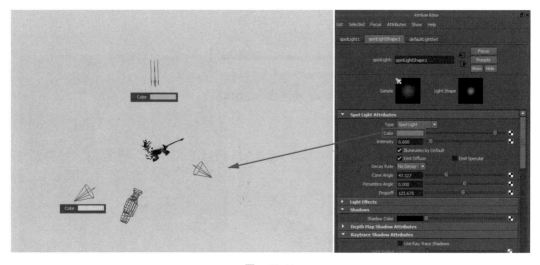

图　11-44

(8) 在 Maya 2014 版本中，mental ray 的渲染预置改变了位置。打开 Render Settings (渲染设置面板)，选择右侧窗口中的 Presets(预置)→Load Preset(载入预置)→Production (产品级)菜单命令。现在，单击渲染当前帧按钮，看到经过三点布光的模型显得更加厚重，层次感更加强烈，如图 11-45 所示。

至此，数字雕刻的制作流程讲解到了尾声。通过本书学习，相信大家对数字雕刻的流程有了更加全面和深入的了解。如果看完本书，能让大家借助手中有限的硬件资源制作出效果更好的三维作品,本书的目的就达到了。

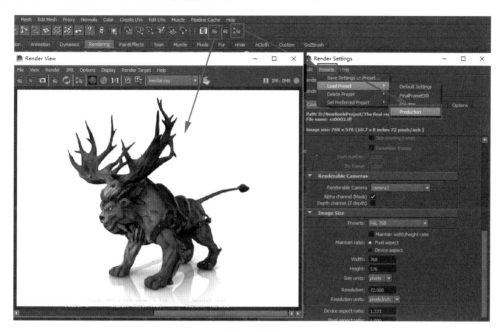

图 11-45

参 考 文 献

[1] Jack Hamm.世界绘画经典教程——动物素描[M].北京:人民邮电出版社,2011.

[2] 田涛.雕刻巨匠——ZBrush 3.12 核心技术完全解析[M].北京:中国铁道出版社,2009.

[3] 蓝冰工作室.ZBrush 4.0 高手成长之路[M].北京:清华大学出版社,2011.

[4] 吕睿丹,宋超,周矜汐.Maya 静帧火星风暴[M].北京:人民邮电出版社,2011.